おはなし
科学・技術シリーズ

金属疲労
のおはなし

西島 敏 著

日本規格協会

まえがき

1985年に、日本航空所属のボーイング製ジャンボジェット機が群馬県の山中に墜落して、520名の方が亡くなった事故がありました。政府の調査により、直接の原因は金属の疲労によるものだったことが明らかになりましたが、その遠因には、機体の一部を損傷したときの修理のミスと、ミスを発見できなかった検査の不備という問題がありました。

気をつけてみていると、その後も、原子力発電所の蒸気発生器が壊れたり、大型トレーラの車輪ハブが破断したり、ジェットコースターの車軸が折れたりと、いろいろな事故の報道がありました。金属の疲労は、ときどきこのように社会的に大きな影響を及ぼす事故を引き起こすことがあります。

事故があるたびに、テレビや新聞に"金属疲労"ということばが踊りますが、金属疲労とはいったい何か、避けられないものなのか、事故を防ぐにはどうすればよかったのかなどについては、結局あまりはっきりしないまま終わることが多いのではないでしょうか。

この本は、金属の疲労について、限られた研究者しか知らない事柄について解説し、なるべく多くの人に少しでも正しい知識をもっていただく目的で書いたものです。専門的な事柄をやさしく説明するのは、それだけでもむずかしいものですが、疲労という現象をきちんと説明しようとすると、金属学の基礎から材料力学や機械工学まで、いろいろな分野にまたがることになります。しかし、そのうちの一部でも、分かっていただければ幸いです。

内容は八つのおはなしに分けましたが，前半の第1話から第4話は，基礎的な問題について説明しました．金属の疲労とはどんなことか，どのように壊れるのか，いつから知られるようになったのか，どのような機械や構造物が疲労するのか，なぜ疲労が起こるのか，疲労は金属のどのような箇所に起こるのか，それを防ぐにはどうすればよいのか，などについてです．

後半の第5話から第8話では，実際の技術的な問題について解説しました．疲労を考えに入れた設計の方法，疲労に対抗するための材料技術，疲労を考えるうえで最も重要な，き裂の成長メカニズムとその法則性，そして機械や構造物の疲労寿命予測の方法と，それを安全に使っていくための定期検査方法などについて，基本的な考え方を説明しました．

金属の疲労については，研究者や設計技術者向けの専門書はあるのですが，初めての人に対する解説書はなかったのではないかと思います．この本はそのような目的で，分野違いの人たちや学生の諸君にも理解してもらえるように，なるべく平易に書くように心がけました．未熟なところもありますが，皆さんの参考になれば幸いです．

2007年8月1日

西島　敏

目　次

まえがき

第1話　金属も疲労する

1.1　疲労はなぜ重要か ……………………………………… 11
どうしても疲労事故は起こる／疲労についての知識

1.2　疲労とはどんなことか ………………………………… 13

1.3　疲労による破壊の特徴 ………………………………… 14

1.4　破面の見方 ……………………………………………… 16
疲労の起点／作用した力／実機の疲労

1.5　疲労の歴史は技術の歴史 ……………………………… 18
産業革命と疲労／最初の疲労試験／鉄道と疲労／疲労研究の幕開け／寸法効果／疲労限度

/まとめ/ 疲労について知る必要がある …………………… 26

第2話　どんなものが疲労するか

2.1　繰り返し力を直接に受けるもの ……………………… 27
中古のばねはよく折れた／自動車用ばね／壊れた事例は最良の教科書／疲労破壊は試作段階でだけ

2.2　繰り返し力を間接に受けるもの ……………………… 31
航空機の変形／振動による疲労／力と変形，応力とひずみ／ニュートンの法則／ニュートンとパスカルの議論

2.3 大変形を繰り返し受けるもの ……………………… 38
弾性と塑性／低サイクル疲労と高サイクル疲労

2.4 温度変化を繰り返し受けるもの ……………………… 41
熱膨脹による変形／熱応力／熱応力による塑性変形／熱疲労／
コールドよりホット／変形が進んでいくこともある

/まとめ/ 疲労が問題になるもの ……………………… 50

第3話　疲労はなぜ起こるか

3.1 変形の繰返し ……………………………………… 51
突き出しと入り込み

3.2 結晶とその変形 …………………………………… 53
結晶の大きさ／結晶のすべり変形

3.3 転位というもの …………………………………… 56
転位ができる原因／転位とドミノ倒しの関係

3.4 金属の特長の一つ ………………………………… 59
金属らしさ／延性とぜい(脆)性のディレンマ

3.5 環境の影響 ………………………………………… 62
酸素と水蒸気／宇宙空間での疲労／金属以外のものも疲労するか

/まとめ/ 金属疲労の原因 ……………………………… 65

第4話　疲労が起こる条件

4.1 結晶の変形しやすさ ……………………………… 67
引きのばすと細くなる／せん断応力／引張強度は疲労強
度の目安／疲労の芽になる結晶

4.2 金属組織の粗さ ………………………………… 71
　　結晶は団体で行動する／結晶粒度

 4.3 疲労は応力集中に敏感 ……………………………… 74
　　切り欠き／小さな切り欠きも効く／応力集中係数／応力集中
　　への対策

 4.4 疲労は表面状態にも敏感 ……………………………… 80
　　傷は磨いてとる／角の問題／腐食疲労／表面の強化

　　/まとめ/ 疲労の発生を防ぐには ……………………………… 86

第5話　疲労を考えた設計

 5.1 繰返し応力 ……………………………………… 87
　　繰返し応力の大きさを表す数値

 5.2 疲労試験のデータ ……………………………………… 90
　　S-N 曲線と疲労限度／S-N 曲線の読み方

 5.3 疲労限度線 ……………………………………… 93
　　引っ張るほど弱い／別の表現も／グッドマンの提案

 5.4 変動応力による疲労 ……………………………………… 98
　　寿命の消耗率

 5.5 サイクルの計測 ……………………………………… 101
　　応力-ひずみループ／レインフロー法／実物の疲労試験

　　/まとめ/ 疲労しないための設計 ……………………………… 106

第6話 疲労に対抗する材料技術

6.1 強い材料は疲労にも強い ………………………… 107
強いことがよいとばかり限らない／ベークハードニング

6.2 浸炭による鋼の強化 ………………………… 111
浸炭焼入れ／焼き入れるとふくらむ／疲労強度は2倍にも／鋼の肌を焼く

6.3 表面焼入れ ………………………… 118

6.4 ショットピーニング ………………………… 120
ドン・キホーテのよろい

/まとめ/ 材料の疲労強度を高める方法 ………………………… 125

第7話 疲労によるき裂の成長

7.1 ミクロ割れの成長 ………………………… 127
ミクロ割れは弱いもの／ミクロ割れが育つには／停留き裂

7.2 き裂と K 値 ………………………… 131
ミクロ割れとき裂の違い／応力拡大係数／き裂のある材料の強さ

7.3 き裂の成長 ………………………… 135
き裂端の塑性変形／疲労によるき裂面の形状／ストライエーション

7.4 き裂の開閉口 ………………………… 141
き裂が開口する範囲／き裂開口幅／開いた口がふさがらない／き裂は生きもの／自由の鐘

/まとめ/ 疲労によるき裂の成長 ………………………… 150

第8話　疲労のマネジメント

8.1　疲労寿命の予測 ……………………………………………… 151
　　　疲労のマネジメントとは／部材の設計寿命／き裂は始めから
　　　あるもの

8.2　非破壊検査とは ………………………………………………… 156
　　　どんな方法があるか／検査は人が行うもの

8.3　き裂成長による寿命予測 …………………………………… 159
　　　き裂の成長速度／き裂を認める発想の転換／き裂成長速度と
　　　寿命

8.4　溶接部のき裂成長 ……………………………………………… 164
　　　溶接残留応力／き裂がある材料の寿命

8.5　定期検査の考え方 ……………………………………………… 167
　　　マネージャの腕の見せどころ

　　　/まとめ/ 疲労寿命の予測と検査 ……………………………… 171

むすび ……………………………………………………………… 173
参考文献 …………………………………………………………… 175
索　引 ……………………………………………………………… 177

第 1 話

金属も疲労する

　みなさんは，金属が疲労するということばを聞いたことがあるでしょうか．そう，金属も長い間使っていると疲れるのです．人や馬や犬のような動物は，激しく働いた後では疲れますが，それは普通，きちんと食事をして休めば回復します．しかし金属の疲労は，回復しません．長い年月，金属を使い続けていると，疲労がたまってきて，ついには壊れてしまうことがあります．これは，とても重要な問題です．

1.1　疲労はなぜ重要か

　金属が疲労して壊れるまでの寿命は，金属の使い方によります．大きな力をかけて激しく使うと，疲労がたまりやすく，寿命は短くなり，小さな力しかかけずにやさしく使うと，あまり疲労せず，長い間使えます．これは，人や動物の疲労でも同じことです．
　私たちの生活は，非常に多くの金属製品によって支えられています．家の外を見ただけでも，自動車や電車，鉄橋，高層建築や航空機など，金属を用いたものは無数にあります．また，これらを作る工場では多くの金属材料や機械を使いますが，それを動かす電気も金属製の発電機で作ります．もちろん，石油や石炭などのエネルギー源を外国から運んでくるのも金属の船です．

人も機械も疲労する

どうしても疲労事故は起こる

　このような機械や構造物は，実をいうと，常に疲労して壊れる可能性をもっています．それらが万一にも壊れたりすれば，社会には大混乱が起こるでしょう．疲労に関しては，いろいろな専門家の見方がありますが，過去，予期しないときに起こった破壊事故の多くに，大なり小なりかかわりがあったと考えられているのです．

　幸いにも，私たちはそういった重要な機械や装置が疲労で壊れたなどという話を，あまり聞くことがありません．それは，技術者が金属の疲労についてよく勉強し，疲労しにくいように工夫しているからです．しかし，全く疲労しないようにすることは，今のところ原理的に無理なのです．注意して見ていると，十年に一度は，金属疲労が関係して起こった大事故が報道されているように思います．

疲労についての知識

こうした金属の疲労についての知識は，これまで一部の研究者や専門家の間だけにとどまっていて，一般の人に知られることはほとんどありませんでした．

金属の疲労について正しく知ることは，壊れては困る機械や装置を設計・製作したり，またそれらの点検や修理をする人たちにとって非常に大切です．また，そういった機械や装置の宣伝・販売など，密接に関係した仕事をしている人たちにも，ぜひ知っておいてほしいことでもあります．

この本は，そうした金属の疲労という重要な問題について，できるだけ分かりやすく解説し，疲労の原因や，何が疲労を起こしやすくしているのか，疲労による破壊を起こさないために，どのような工夫をしているのかなどについて，皆さんにも理解していただこうとするものです．

1.2 疲労とはどんなことか

身近な疲労の例をあげてみましょう．缶ジュースや缶ビールは，多くの人が利用しています．缶の口をあけるのには，普通，タブというつまみを引っ張り上げるのですが，そのタブをまた元に押し戻したり引っ張り上げたり，繰り返して遊んでいると，タブは根元から折れて，取れてしまうことがあります．また，細い針金なども，指先で同じところを曲げたり延ばしたりを繰り返すと，ついには折れてしまいます．これが疲労です（図 1.1）．

このような金属を繰り返し曲げて折るという動作は，金属を切断する目的で行うこともありますが，それは金属の疲労を利用して，壊しているわけなのです．

このとき，金属の中で何が起こっているのでしょうか．タブや針金に力をかけると曲がりますが，これを**変形**と呼びます．変形は，大きくても小さくても，金属の中にある原子の並び方に影響を与えているのです．詳しくは徐々に説明しますが，ここでは**疲労は金属にある程度以上の変形を繰り返すと起こる**ということを覚えておいてください．

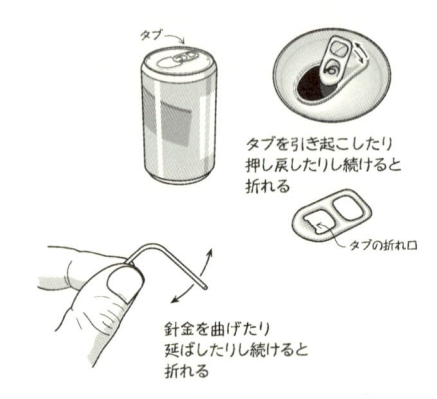

図 1.1　繰り返し曲げると疲労して折れる

1.3　疲労による破壊の特徴

図 1.2 を見てください．これはトラックの前車軸（フロントアクセル）が，長年の使用により疲労で壊れたときの折れ口を見たものです．車軸といっても，この場合は回転する軸ではなく，一種の横げたのようなもので，この両端に車輪が付いて回転します．

この図のような壊れた折れ口のことを，**破面**とか破断面と呼びます．この図では，**疲労破面**です．破面は，元は材料の中に埋もれていた部分が，折れたことによって観察できるようになったものです

1.3 疲労による破壊の特徴　　　　　　　　15

図 1.2　典型的な疲労破面[1]
（トラックのフロントアクセル）

から，折れた過程で何がどのように進んでいったのかを知るよい手がかりになります．

　写真を見ると，矢印の部分から同心円状に広がる縞模様があります．縞が見えるのはほぼ全体の上半分までで，どちらかというと平らに見えますが，下半分は粗く，ざらざらした感じです．

　この例では，疲労は始め矢印のところに起こり，そこに小さな**割れ**ができ，その割れが次第に大きく広がっていったことを示しています．同心円状に見える縞の中で，少し濃い色の線の部分は，その部分が壊れるときに力のかかり方が弱く，割れがあまり進まなかったところです．これは，トラックに積んだ荷物の重さや，道路のでこぼこと運転の速度などによって，力のかかり方が違ったからでしょう．

---

1) R. Cazaud et al. (1969)：*La fatigue des métaux*, 5ème éd., Dunod, Paris

なお，写真の下半分は，車軸の半分くらいまで割れが進んだとき，残り断面が小さくなったため，それ以上支えきれなくなり，一気に折れてしまったことを表しています．疲労破面に対して，この部分を**急速破面**と呼ぶことにしましょう．急速としたのは，破壊に要した時間が短く，破壊速度がずっと速かったという意味です．

1.4 破面の見方

少し分かりやすくするため，前の写真のスケッチで説明しましょう．図 1.3 を見てください．上半分の疲労破面にあった同心円状の線は，疲労破面の最も分かりやすい特長の一つです．これは，**貝がら模様**とか，**ビーチマーク**と呼びます．確かに，はまぐりやほたて貝などの貝がらにある模様とよく似ていますし，また海岸の波打ちぎわにできる波のあとにも似ています．貝がら模様は肉眼でも見分けられる特長なので，皆さんも機会があればぜひ見つけてください．

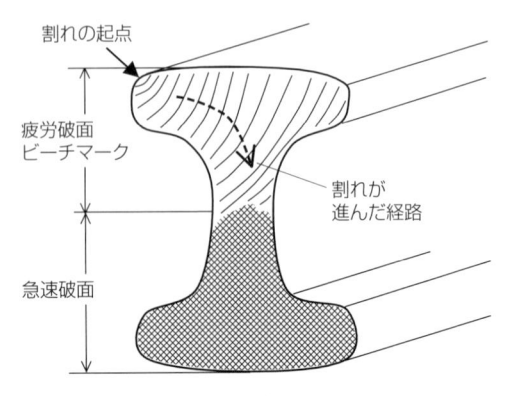

図 1.3 疲労破面の説明図

疲労の起点

貝がら模様の縞の間隔は，あまり一定していないのが普通です．しかし，割れの起点の付近では，間隔が細かくなっていて，起点に近づくとはっきり見えなくなっています．実は，下半分の一気に折れた急速破面から，さかのぼって縞模様を逆にたどり，行きついたところを起点としたのです．縞に直角な線を考えてみると，図に示すように，割れの進んだ方向が判定できます．

作用した力

なお，このフロントアクセルの破面で，疲労破面と急速破面の境目がほぼ高さの半分になっているのは偶然です．この境目の位置は，割れが進み，残り断面が小さくなったときに，たまたまどのような大きさの力が作用したのかによって違ってきます．

裏返していうと，急速破面が小さければ，それは弱い力で，長時間にわたり，疲労が進行したという証拠です．また逆に，急速破面が大きければ，設計のとき考えた作用力が低すぎたか，使い方を間違って高い作用力をかけ続けたのか，材料の強さが足りなかったのか，そのようなことを考える必要が出てきます．

破面の中で，ビーチマークのある部分は，普通，平らです．その詳しい理由は後で説明しますが，ビーチマーク破面に垂直な方向が，引張力の作用した方向になります．図1.3から分かるように，ビーチマーク破面は車軸にほぼ直角ですから，車軸には左上側が引っぱりになるような曲げの力が作用していたはずです．なぜ左上の角のところから割れが始まったのかは，先ほどの写真だけからは，分かりません．

いずれにせよ，破面の少なくとも一部にまとまった平らなところがあり，そこに部分的にでもビーチマークの特長が見られたら，ま

ず，それは疲労によるものと考えてください．

実機の疲労

疲労は変形の繰返しによって起こると説明しましたが，トラックの車軸は目に見えるほど大きく変形することはありません．しかし実際の機械や構造物では，全体の変形は非常に小さくても，いろいろな理由で，顕微鏡で見るほどの微小な部分に変形が集中して起こることがあり，そのような部分に，疲労による割れができやすいのです．この車軸でも，おそらくそうだったのだろうと思います．

例えば，設計では疲労を起こしにくいように，変形を小さくおさえていても，実際には走行中に石が当たったり，錆びたりして材料が傷むことがあります．そういった傷からは，特に割れができやすいのですが，錆びの下側に小さな割れができても，それはほとんど見つけられないでしょう．ですから，普通は使用開始からかなり年月が経ったのち，何の前触れもなく，突然に破壊したような印象を受けるのです．しかし，実はその間に，疲労は静かに進んでいたのです．

1.5 疲労の歴史は技術の歴史

金属が疲労して壊れるという現象は，おそらく人が金属を使い始めた大昔から，いろいろな形で経験していたことでしょう．金属は，例えば石材や木材，その他のガラス材料などと比べると，はるかに強く，硬いのですが，一方で硬いものは割れやすいということも，おそらく古くから知られていたと思います．ですから，はさみや農機具など，鉄の道具が壊れても，また馬車の車軸が折れてひっくり返っても，それは荷物を積みすぎたとか，衝撃がかかったために，運悪く壊れたのだと，あきらめてきたのではないでしょうか．

産業革命と疲労

しかし，18世紀にイギリスで産業革命が起こり，次第にヨーロッパ各国に鉄道が引かれ，大規模な機械工業が盛んになってくると，事情は変わりました．鉄鋼材料が突然破壊することによるいろいろな事故が，深刻な社会問題となって現れ始めたのです．各国の政府は，学者や技術者を集めて，この原因不明の突然破壊について研究し，また委員会を組織して共同で調査を行い，何とか原因を明らかにしようとしました．

そんなわけで，この突然破壊の性質が徐々に解明されてきて，それを**疲労**という名前で呼ぶようになったのは，だいたい1840年ごろのことのようです．参考のため，当時の疲労研究について1, 2の例[2]をここで紹介しましょう．

最初の疲労試験

まず試験の例では，1829年にドイツのアルベルト（J. Albert）という人が，チェーンの疲労について調べたのが初めてのようです．アルベルトは鉱山技師でしたが，巻き上げ機に用いているチェーンが突然に破断するため，その対策に苦心しました．そして，使用前のチェーンを実際に繰り返して引っ張り，問題がないかどうかをテストしたといいます．図1.4は，そのとき用いた試験装置です．

この装置は，水車の中心に取り付けたアームの端にチェーンをかけ，チェーンの反対側に1 550 kgの重りを吊るしたものです．水車が1回転するたびに，一定の時間だけ，チェーンに引張力が作用するようになっています．水車の回転速度は毎分ほぼ10回で，繰返し引っ張りによって疲労破壊するまで10万サイクルまでいったといいます．つまり，1時間に600回，1日に約14 000回ですから，10

---

[2] R. Cazaud et al. (1937)：*La fatigue des métaux*, p.1, Dunod, Paris

万サイクルの試験はチェーン1本当たり,ほぼ1週間かかったことになります.このように,疲労試験には時間がかかるのです.

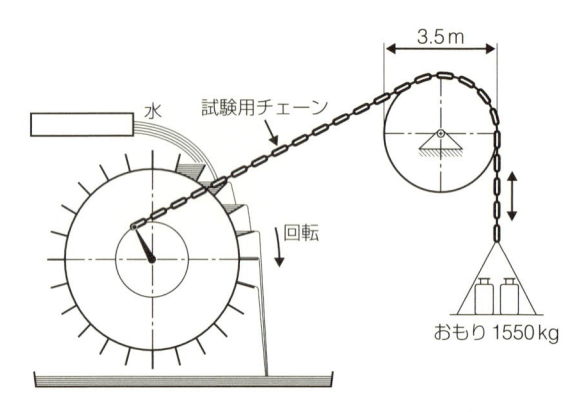

図 1.4 チェーンの繰返し引張試験[3]

このとき,試験したおもりの1550 kgというのは,実際のチェーンの使用条件に合わせたものと思いますが,その結果チェーンが切れなかったとしましょう.そうすると,このチェーンを1550 kg以下の重さしかかからないように使えば,10万サイクルまでは疲労破壊しないことを保証できることになります.もし,実際の巻き上げ機が1日に多くて100回くらい動いたとすると,10万サイクルは約1000日に相当しますから,チェーンは3年近くは使えるというわけです.このような保証のための実物疲労試験は,現在でも世界で広く行われています.

---

3) 疲労部門委員会報告書(1988):金属疲労研究の歴史,p.35,日本材料学会

鉄道と疲労

さて,蒸気機関車が大型化してくると,車軸が突然に疲労破壊する事故が各地で起こり,深刻な社会問題になりました.図1.5を見てください.鉄道の車軸は車輪と共にレールの上を転がっていくわけですが,車体の重さは車輪の更に外側にある軸受けの上にかかります.つまり車軸は,普通は両端が少し下がり,中央部が上がる方向に曲げの力を受けているわけです.

ですから軸の上側のある一点に注目すると,その部分の金属は軸の長手方向に引張力を受けていますが,軸が半回転すると,同じ点は軸の下側にきて,今度は圧縮力を受けることになります.つまり,軸の金属は回転につれて引っ張りと圧縮の力を繰り返し受けるので,これにより軸の疲労が起こるのです.このような力のかかり方を**回転曲げ**と呼びます.

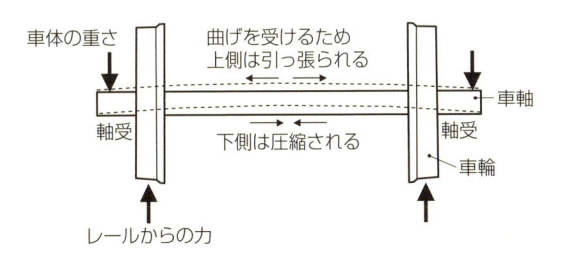

図 1.5 回転曲げの説明図

疲労研究の幕開け

ドイツのバヴァロア地方に勤務していた鉄道技師ヴェーラー(A. Wöhler)は,1852年から69年にかけて,疲労の問題を取り上げ,多くの実験を行い,今日の疲労研究の基礎を作ったことで知られています.実験は,始めは直径約130 mmもある実物の車軸について

行いました．そのため，本物の車軸に回転曲げの力を加える大型の試験装置を作り，曲げる力の大きさをいろいろに変えて実験を行いました．図 1.6 はその装置ですが，全体は 6 m もある大きなものです．

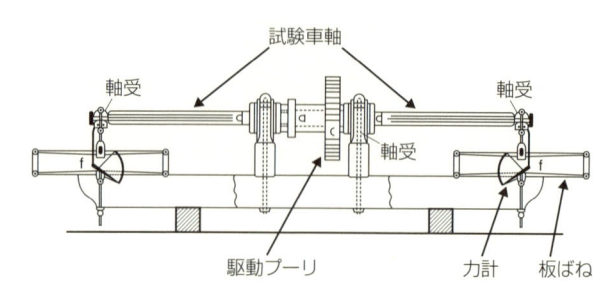

図 1.6 車軸の疲労試験装置[4]

しかし，これを動かすには大きな動力が必要でしたし，また試験用の車軸を作るのにもお金がかかりました．そこで，同じ原理に基づく小型の試験機を別に作り，実物の車軸の代わりに同じ材料で小型の軸を作り，経済的に研究を行うことにしました．このような試験用に小型化した材料のことを，**試験片**（テストピース）と呼びます．試験片を使うことにしたので，その後は，車軸の材料と寸法や，車軸と車輪のはめ合い部の形など，多くの条件を変えるなどして，初めて系統的な研究を行うことができたのです．

図 1.7 は，ヴェーラーが 1870 年ごろに作った回転曲げ疲労試験機です．中央のプーリ（ベルトをかけて回すための車）がついている軸の両側に，2 個の試験片をはめ込み，その先端にばねの力をかけ，同時に二つの回転曲げ疲労試験ができるようにしたものです．

---

[4] 文献 3），p.38

それ以後の疲労の研究は，こうした小型試験片を使うのが主流になりました．JISなどで決めている標準の疲労試験では，直径10 mm前後の試験片を使うことが多いようです．

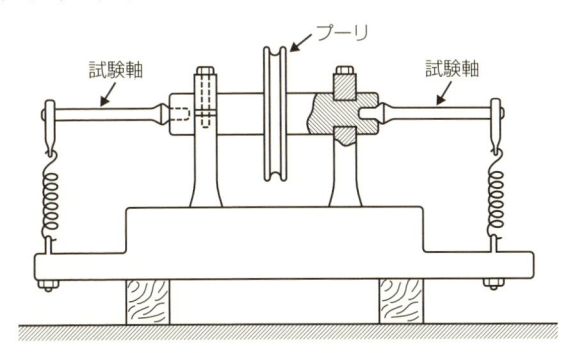

図1.7 回転曲げ疲労試験機

寸法効果

しかし，その後分かったことですが，大きい実物の試験体よりも，小さい試験片のほうが疲労に強く，寿命が長い傾向があるのです．この原因はいくつかありますが，その一つは，大きい材料の方が，いろいろな傷や欠陥をあちこちに含んでいるからと考えられています．小さい試験片には，たまたま傷があれば弱いでしょうが，全く無傷のことも多いからです．このように，大きい材料ほど弱い傾向にあるということを**寸法効果**と呼んでいます．寸法効果がどのくらいあるかなどのチェックのため，何メートルもある実物の疲労試験も，数は少ないのですが行っています．

疲労限度

ヴェーラーは，回転曲げのほかに，同じ大きさの力を引っ張りと圧縮に繰り返したときの疲労や，平均的に引っ張りを加えた状態で

力が更に大小に変化するときの疲労，ねじり力の繰返しによる疲労など，力のかかり方の違いについても研究しました．そして鉄や鋼の材料では，単に1回の引っ張りによって破壊する力より，ずっと小さい力でも繰り返して加えると破壊すること，またその力がある限界値より小さければ，いくら繰り返しても破壊しないことを見いだしました．

表1.1は，ヴェーラーの回転曲げによる試験データの例です．例えば表の1行目は，力の大きさにして320を加えたとき，車軸は56 000回まで回すと折れたという記録です．2行目によると300の力では，それより長持ちはしましたが，99 000回で壊れました．しかし，力の大きさを160にすると，7 000万回まで回しても壊れませんでした．ということは，疲労破壊を防ぐためには，160以下の力しか作用しないように設計すればよいということです．

これは，疲労破壊を起こす力の大きさには限界があり，それ以下では破壊しないということです．この力の限界値を**疲労限度**と呼び

表 1.1 ヴェーラーの回転曲げ疲労試験データ [5]

番号	力の大きさ	破壊までの回転数	備考
1	320	56 000	
2	300	99 000	
3	280	183 000	
4	260	479 000	
5	240	909 000	
6	220	3 632 000	
7	200	4 917 000	
8	180	19 186 000	
9	160	70 000 000	破壊せず

---

5) 文献3), p.38

ます.疲労限度に基づいて設計するという考え方は,広く採用されています.疲労限度については,第5話でもう少し詳しく説明しましょう.

このように,金属の疲労の研究は産業革命と共に始まり,その後も技術革新のあるたびに,新しい問題に取り組みながら進んできたのです.

===== /まとめ/ =====

疲労について知る必要がある

　金属も疲労するということについて，まず大体のことをおはなししました．疲労とは何かについて，ポイントをまとめると，次のようになるでしょう．

- 私たちの生活は，多くの金属製品に依存している．ところが金属を長く使い続けると，次第に疲労して，ついには壊れてしまうことがある．
- 疲労は，金属にある程度以上の大きさの変形を繰り返すと起こる．針金やジュース缶のタブを繰り返し曲げると折れるのは，疲労によるものである．
- 疲労で折れた破面には貝がら模様とか，ビーチマークと呼ぶ同心円状の模様が残ることが多い．
- 金属の疲労は18世紀の産業革命以後，その重要性が認識され，系統的な研究により原因が明らかにされてきた．
- 疲労について正しく知り，できるだけ疲労を起こさないように工夫することは，機械や装置を設計し，製作する人たちには特に重要である．

　なお，疲労についての最小限の知識は，機械や装置の販売・保守・運転などに当たる人たちにも必要でしょう．

　以下では，疲労はなぜ起こるか，防ぐためにはどうするか，検査や寿命評価はどのように行うかなど，基本的なことも含めて，おはなししましょう．

第2話

どんなものが疲労するか

　それでは，どのような機械や装置に疲労が起こるのでしょうか．今までの説明にもいくらかは出てきましたが，実際のケースについて，もう少し具体的に見てみましょう．とはいっても，皆さんが利用している機械や装置が，すぐ疲労で壊れるというのではありません．放っておくと疲労する可能性があるので，あらかじめ疲労を考えて設計し，対策を施して製造しているものという意味です．設計や製作に手落ちがなく，決められたとおりに使用していれば，壊れることはまずありません．

2.1　繰り返し力を直接に受けるもの

　これまでの説明からわかるように，繰り返し材料に変形が起こるのが疲労のもとになります．例えば，自動車や鉄道のばねはそもそも，ゆれを吸収して乗り心地をよくするために用いているのですから，始めから力を直接繰り返し受けて変形することを前提としています．当然，ばねは疲労を考えて作らなければなりません．

中古のばねはよく折れた

　日本で自動車生産が本格化し始める以前の1950年ごろは，街を走っていたのはアメリカ製などの中古車が多かったのですが，そのばねはよく折れたものでした．当時は，ちょっと郊外へ出ると舗装

のないでこぼこ道でしたが,そこをすでに10年も20年も走って,かなり疲労している中古車でがたがた走るのですから,ばねが折れても当然だったのでしょう.

そこで,大きな町にはたいていポンコツ屋があり,廃車から回収した,ばねなどの中古部品を売っていました.もっとも,そのばねも,割れは入っていませんが,疲労は相当にたまっていたはずです.ですので中古のばねに換えても,じきに折れることがありました.なお,ポンコツというのは,昔,げんこつのことをそういったと聞いたことがありますが,ここでは,廃車を"かけや"(長柄の大きな木のハンマ)などでたたき壊して,鉄板を平らに延ばし,鉄くずにする作業の様子をいったものです.

自動車用ばね

図2.1は,自動車用の足まわりに用いるばねの代表的なものです.大きく分けて,ぐるぐる巻いたコイルばねと,長さの違う大きな定規のような板ばねを重ねたものが用いられています.詳しく見るといろいろな種類があるのですが,普通は,専門のばねメーカが設

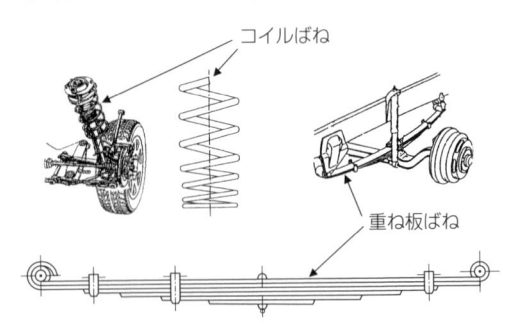

図 2.1 自動車などに用いるばね[6]

---

6) 日本ばね工業会 (2000):ばねの体系的分類,p.2, p.16,日本ばね工業会

計・製作しています．

　そのほか，エンジンにもたくさんのばねが使われていますが，大切なばねは，どれも疲労に強くかつ軽く，性能のよい車になるように，特別の注意を払っています．どのようにして疲労に対する抵抗力を高めているのかということは，後で説明しますが，ばねはほとんどあらゆる機械や装置で使いますので，力を繰り返し受ける部品として，疲労には特に注意しているのですね．

壊れた事例は最良の教科書

　図2.2は，古い例ですが，クレーンのフックが疲労で破壊した様子です．2例とも，フックの根元のねじから割れが起こりました．重いものを吊り上げるのがクレーンですが，それが壊れるなんて，まったく問題外ですね．どちらも同じようなところから壊れていますが，これは設計で疲労を十分に考えていなかったからです．この

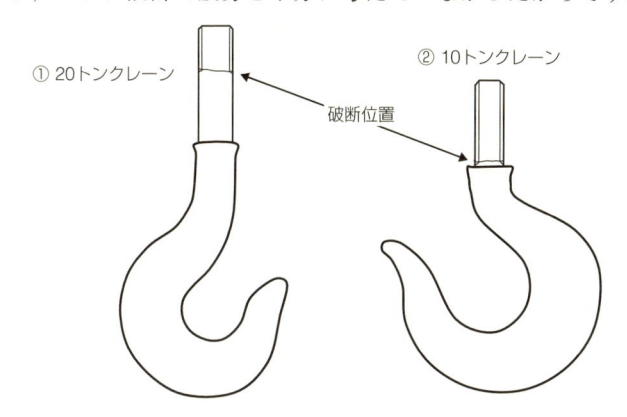

① 20トンクレーン　　　② 10トンクレーン　　破断位置

図 2.2　クレーンのフックが壊れたら[7]

---
7) 日本機械学会（1984）：技術資料　機械・構造物の破損事例と解析技術，p.135, p.204，日本機械学会

ような事故が起こり，原因がはっきりすると，同じような問題を二度と起こさないように対処しなくてはなりません．

どのような部品でどのようなところに問題があり，どのようにして壊れたのかという資料は，それを経験したことのない技術者にとって，非常に貴重な教科書です．ですので，学会や協会などでは，こうした資料を集めて整理し，公表しています．技術は失敗の経験により，進歩していくということがよく分かるでしょう．

でも，機械や装置が壊れたというと，すぐ新聞やテレビで騒がれますし，誰に責任があったのかが追及されます．本当に重要な破壊事故で，教科書としての価値の高い破壊の例は，なるべく冷静に，科学的に紹介してもらうとよいのですが，それはなかなかむずかしいようです．

疲労破壊は試作段階でだけ

直接に力を受ける部品などで，皆さんの身近なところにある品物でも，疲労破壊はけっこう起こっているはずです．ただ，あまり高価なものでもなく，比較的容易に修理や交換ができることが多いので，気づく人が少ないだけです．

例えば，ばねでも，ドアロックのばねや，電気スイッチをパチンと動かすばね，自転車のベルをチリンと鳴らすばね，洗濯ばさみのばねなど，いろいろあるでしょう．そのようなばねが折れたときは，たいてい疲労で折れているのです．こうした重要度の低い品物でも，疲労で折れないほうがよいのですが，そのための対策コストが高いと，安い部品を交換しながら使うようになるのが問題です．

こうした壊れても大きな被害にならないものを除けば，直接力を受ける機械部品などで，疲労で壊れる製品はほとんどなくなりました．今では疲労による破壊事故はまれになりましたが，直接に力を

受ける部品や材料は,いつも疲労を考えた設計と製作方法をとらなければなりません.

そこで,新しく開発する重要な機械や設備などでは,直接に力を受ける部分について,あらかじめコンピュータで解析し,試作品の疲労試験を行うのが普通になっています.その結果,疲労で重要な機械や設備が壊れるのは,ほとんどが試作段階でのことになっているようです.

また軽視してはならないのが,機械や設備の管理者や使用者に対する教育です.分業が進むにつれて,機械などの専門知識をもたない人が管理や運用を行うことが多くなっています.残念ながら,そのことが管理の不徹底を起こし,事故につながっているケースも見られます.

2.2 繰り返し力を間接に受けるもの

直接力を受けているようには見えなくても,よく考えてみると,やはり力を受けていたために,疲労が問題になるものがあります.その代表例が航空機でしょうか."当たり前だ,飛行中だって気流が悪いときにはガタガタゆれたりするもの"と思われるかもしれません.しかし,そうではないのです.飛行中のゆれでも,確かに力はかかりますが,戦闘機とは違って,民間路線の航空機は強い台風の中を飛んだりはしません.それよりも別の問題があるのです.

航空機の変形

もっと根本的な問題は,航空機が約1万mほどの高空を飛ぶということです.その高度では,地上の1気圧に対し,約1/4気圧しかありません.空気が薄いとそれだけ空気抵抗が少なく,高速で飛

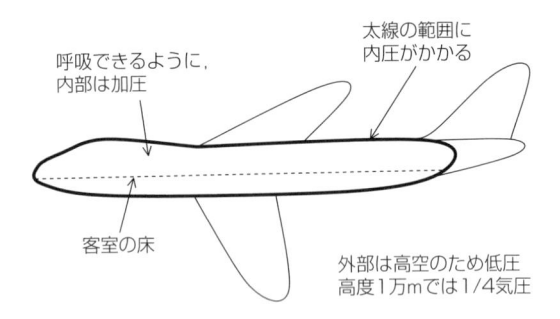

図中ラベル:
- 呼吸できるように，内部は加圧
- 太線の範囲に内圧がかかる
- 客室の床
- 外部は高空のため低圧 高度1万mでは1/4気圧

図 2.3 航空機は上空でふくらむ

べる利点はあるのですが，反面，それでは呼吸できないので，ある程度までは機内を加圧します．それでも，機体の内外で圧力差ができ，胴体は少しふくらむことになります（図2.3）．

航空機は，強いアルミニウム合金を使って作られているのですが，設計上は，この圧力差により機体は 0.1 〜 0.2 ％ ほどふくらむ計算になります．変形はわずかなようですが，1 飛行当たり必ず 1 サイクルの引っ張りを受け，それを何万回も続けるのですから，やはり疲労対策を十分に考えておくことが重要です．

振動による疲労

そのほか，力はかかっていないように見えるのに，疲労を問題にするものでは，振動があります．先日も，"バイクのバックミラーが折れちゃって" と，遅刻した理由をいってきた学生がいました．

後で見てみると，自分で取り付けたらしいバックミラーの長いアームの付け根が疲労で折れていました．"いつも振動してなかった？" と聞いてみると，やはりそうでした．スタートして加速するとき，たぶんエンジンの振動とちょうど共鳴するようなかたちで，

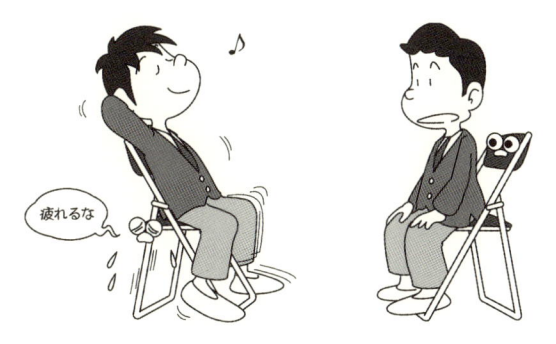

振動を続けると疲労する

振動したようです．このような振動を**共振**と呼びます．共振は，いろいろな機械や装置で起こることがありますが，たいていは作ってみてからでないと発見できない困った問題です．

　振動が原因で疲労を起こす可能性のあるものとしては，振動する機械や，それに取り付けた部品や配線などがあります．そのほか，圧縮空気や液体が流れる配管や弁などの取付部も要注意です．振動による材料の変形が，疲労を起こす大きさかどうかをチェックするには，振動の振れ幅を測定して，どのくらいの疲労を起こすかを計算する必要があります．これも開発段階でチェックするのがむずかしい問題で，経験がものをいう分野とされています．

　以上のように，疲労を考える上では，結局，力と変形のどちらを考えても同じことになります．

力と変形，応力とひずみ

　ここで，力と変形の関係について整理しておきましょう．図 2.4 (a) は，普通の金属材料に力をかけたとき，力に伴って変形が起こる様子をグラフにしたものです．**力**は **N**（ニュートン）を単位とし

てその大きさを表し，**変形は mm** などの長さの単位で表します．力も変形も小さい範囲では，力と変形は比例します．

ところが，断面積が2倍違う針金を引っ張って伸ばすには，太い方が2倍の大きな力が要ることは当然ですね．また，ある長さの針金を1 mm 伸ばす力は，その針金を縦に2本つないで2倍の長さにすると，2 mm 伸ばすことに相当します．つまり，単なる力と変形の関係だけでは，材料の大きさによっていろいろな結果が出てくることになり，材料の性質を表すときには困ります．そこで，力と変形の関係を，応力とひずみという関係に直して考えるのです．

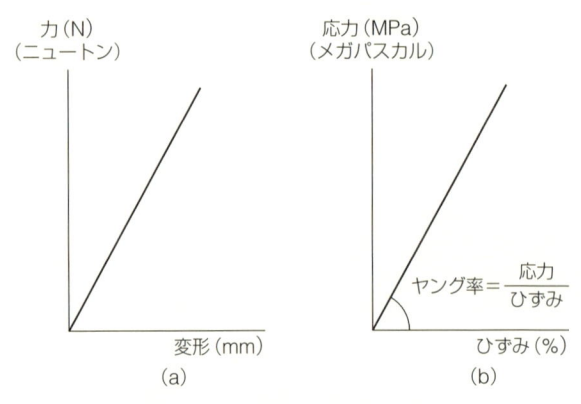

図 2.4 力と変形，応力とひずみ

図 2.4 (b) は，同じ関係を単位面積当たりの力と比率に直した変形で表したものです．力を材料の断面積で割った値を**応力**と呼び，**1 mm² 当たり 1 N を単位**として，MPa（メガパスカル）で表します．1 MPa は，1 N/mm²（ニュートン・パー・平方ミリ）と同じです．一方，**ひずみは比率**で表した変形で，元の寸法に対する%で表すか，又はそのまま小数で表します．ひずみには，特に単位はありません．

応力とひずみは，次の式で表します．

$$応力 = \frac{力}{断面積} \quad \rightarrow \quad 1\,\text{MPa} = \frac{1\,\text{N}}{1\,\text{mm}^2} = 1\,\text{N/mm}^2 \quad (2.1)$$

$$ひずみ = \frac{変形しろ}{元の寸法} \quad \rightarrow \quad \frac{\text{mm}}{\text{mm}} = 小数又は\% \quad (2.2)$$

図 2.4 (a) の力と変形の関係は，同図 (b) のように応力とひずみの関係で表すと，大きい部品も小さい部品も，その強さや変形の様子を共通の尺度で考えることができます．

ちなみに，応力 (MPa) をそのときのひずみ (小数) で割った値を**ヤング率** (**弾性係数**) といいます．ヤング率は，鉄や鋼，アルミニウム合金，チタン合金など，金属の種類によってほぼ決まっています．ヤング率を用いると，ひずみと応力のどちらか一方が分かれば，他方を計算できます．なお，ヤング (T. Young) は人名です．

ここで，簡単な例をあげてみましょう．例えば，鉄鋼材料のヤング率はおよそ 200×10^3 MPa ですが，これは応力 200 MPa をかけたとき，ひずみ 0.001，つまり 0.1 ％を起こすということです．この性質は，鉄鋼の種類によらずほぼ同じです．ということは応力 400 MPa なら，ひずみは 0.2 ％です．つまり，応力が分かれば，ひずみが計算できるわけです．また逆に，あるひずみのときに，どれだけの応力がかかるかも計算できます．このことは，第 5 話で説明しますが，疲労を考えた設計のために重要です．

ニュートンの法則

図 2.5 は，質量 0.1 kg のりんごを断面積 1 mm² のひもで吊るしたとき，ひもに働く応力が 1 MPa だという説明を示したものです．りんごの重力は，ニュートン (I. Newton) の法則により，質量×加速

度で求めることができます。重力加速度は，JISでは 9.806 65 m/s² とすることになっていますが，これは約 10 m/s² ですから，りんごの重力は次のように約 1 N になります．

重力＝質量×加速度
$$= (0.1 \text{ kg}) \times (10 \text{ m/s}^2) = 1 \text{ N} \tag{2.3}$$

ひもに働く応力は断面積 1 mm² 当りの N ですから，1 N/mm² で，したがって 1 MPa です．もし，ひもの長さが初めは 100 mm で，りんごの重力で伸びて 101 mm になったのなら，ひずみは 1％です．

なお，図 2.5 は，"ニュートンのりんごは，1 N の重力で落ちたのだと考えましょう" という提案[8]にもとづいて作りました．もちろん，力の単位を表す N は，万有引力の法則を見つけたニュートンの頭文字ですね．でも，ニュートンさんは，将来，力の単位が自分の名前で呼ばれるようになるとは思いもしなかったでしょう．

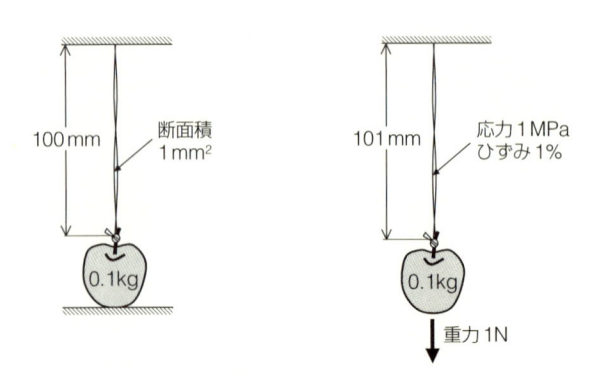

図 2.5 りんごの重力は 1 N

---
8) 森口繁一 (1997)：強さのおはなし，p. 189，日本規格協会

ニュートンとパスカルの議論

もう一つ付け加えると，応力の単位は MPa と N/mm^2 が混ざって使われていますが，JIS では材料の強さを表すのに，N/mm^2 を使うことに決めています．それは昔，国際標準化機構（ISO）の会議で材料の強さの単位を決めたとき，そのようになったからです．そのとき，イギリスは圧力の単位 Pa（パスカル）を使えば，力と面積の組合せ単位でなく，直接に表せると提案したのですが，フランスは N/mm^2 を主張して大議論になり，もめたのだそうです（図 2.6）．

結局，N/mm^2 のほうが単位面積当たりの力だと分かりやすいというフランスの意見が勝ち，ISO では N/mm^2 を採用しました．でも，N はイギリス人のニュートンさんの頭文字ですし，Pa はフランス人のパスカルさんの頭文字です．フランスもイギリスも，お互いに相手の国を立てあって長い議論を戦わせたというのも面白いですね．

その後，いろいろな国際学会の様子を見ていると，応力の単位としては，フランスも含め世界的に MPa を使うようになっているので，

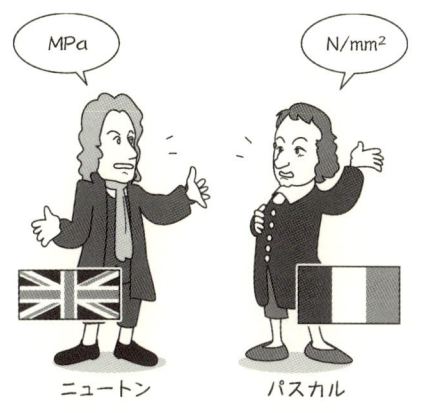

図 2.6 ニュートンとパスカルの議論

この本でも MPa を用いました．MPa の M は 100 万 (10^6) の意味です．そう，$1\ Pa = 1\ N/m^2$ なので，100 万倍すると $1\ MPa = 1\ N/mm^2$ となり，数値が同じになります．

2.3 大変形を繰り返し受けるもの

ジュース缶のタブや針金を，繰り返し折り曲げたり戻したりして切るときの疲労破壊は，ばねや航空機などで考えている疲労破壊と非常に違っている点があります．それは，タブや針金は折り曲げたあと，力をかけない状態にしたとき変形したままなのに対し，ばねなどは力を除くと元の形に戻っていることです．

つまり，力の作用している間に変形するのは同じですが，変形があとに残るかどうかに大きな違いがあるのです．

弾性と塑性

このことを簡単化してグラフに描いてみると，次のようになります．まず図 2.7 (a) のように，応力とひずみの値が小さい範囲では，両者の関係は直線ですから，ある点 A から応力を 0 に戻すと，ひずみも 0 に戻ります．応力を 0 にすると消えてしまうひずみを**弾性ひずみ**と呼びます．

しかし，図 2.7 (b) のように値が大きい範囲では，応力とひずみの関係は直線から外れてきます．そして点 A から応力を 0 にしても，ひずみは 0 には戻りません．応力を 0 に戻しても残っているひずみを**塑性ひずみ**と呼びます．点 A の状態では，大きな応力の下で大きなひずみを示していますが，そのひずみは弾性ひずみ分と塑性ひずみ分の和なのです．塑性ひずみが出ない限界 Y を**降伏点**と呼びます．

タブや針金の疲労は，塑性ひずみが起こる範囲だったのです．

前に説明したように，ヤング率は鉄や鋼など同じ種類の材料ではほぼ同じですから，ある応力をかけたとき，弾性変形分は材料によらず一定です．しかし降伏点の応力は，同じ種類の中でも材料によって大きく異なることがあります．同じ応力をかけても，ある材料は塑性変形が大きく，別の材料はまったく塑性変形がないこともあります．このことが疲労を考える上では，非常に大切なのです．

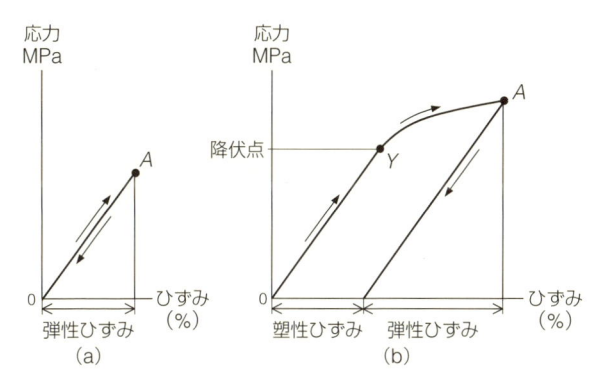

図 2.7 弾性変形と塑性変形

低サイクル疲労と高サイクル疲労

塑性ひずみが起こるような大きな応力を繰り返すと，金属は非常に早く疲労します．例えば，針金を手で繰り返し曲げて折ろうとするとき，うまくいけば 10 回以下で折ることができますが，しくじると何十回繰り返しても折れないことがあります（図 2.8）．

うまくやるコツは，針金を何か硬いものの角にあてて，できるだけ小さい半径で，鋭く曲げることです．細い針金でしたら，2 枚の硬貨のあいだにはさんで繰り返し反対方向に曲げると，数回で折れます．だいたいの話ですが，曲げの外側のひずみは，ほぼ曲げ半径

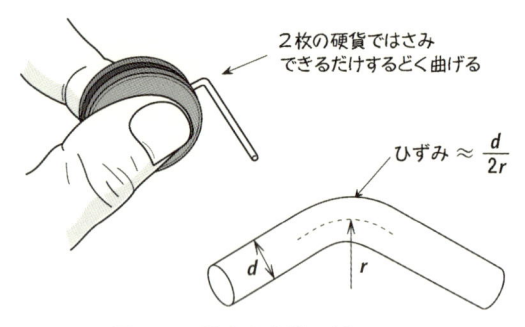

図 2.8 針金を疲労で折るコツ

（図中）2枚の硬貨ではさみできるだけするどく曲げる／ひずみ $\approx \dfrac{d}{2r}$

に反比例するからです．曲げ半径 r を小さくするとひずみが大きくなるため，塑性ひずみの割合が大きくなります．

原子力発電所などの重要な構造物や，その中でも特に重要な部分は，例えば100年に1回というような大地震にももちこたえてもらわなければなりません．そのような部分の鉄筋コンクリート構造に用いる鉄筋は，もちろん金属ですから疲労を考えて設計しますが，特に塑性ひずみが起こるような大振幅の変形の繰返しにも耐えるよう，塑性ひずみを繰り返し加える疲労試験を行って確かめています．

また，本州四国連絡橋のような大型の橋は鋼鉄製ですが，その設計にも，100年に1回来るかもしれない超大型台風の強風による横ゆれを考えて，疲労に対する設計をしています．地震による振動は，この場合は吊り橋なのでケーブルに吸収されてしまい，橋の構造にはあまり影響しないのだそうです．

タグや針金のように塑性ひずみの割合が大きな範囲の疲労を，**低サイクル疲労**と呼びます．低サイクルというのは，破壊までの繰返しサイクルが少ないという意味で，数十〜数万サイクルまでの範囲をいいます．これに対し，ばねなどの塑性ひずみが入らない範囲の

疲労を**高サイクル疲労**と呼ぶことがあります．これは，繰返し回数にして数万〜数千万サイクルの範囲です．低サイクル疲労は塑性ひずみによる疲労，高サイクル疲労は弾性ひずみによる疲労と考えると分かりやすいでしょう．

余談ですが，スプーンを念力で曲げたり，折ったりすることで有名になった人がいました．そうすると，それをまねてスプーンを折る少年まで現れ，評判になったことがあります．大学の先生までコメントを発表して，念力について解説したりしましたが，結局は，上手な手品とする意見が多かったように思います．折り曲げて折るというのは，ここで私たちが考えている針金の実験と同じで，疲労でいえば塑性ひずみを繰り返した低サイクル疲労に当たるといえますね．

2.4 温度変化を繰り返し受けるもの

もっと分かりにくいのが，温度変化の繰返しによる疲労です．これは実際に壊れてみて，なぜ壊れたのかを解析して始めて分かることも多いので，ときどき実製品でも問題が起こることがあります．それは，熱膨脹によるものです．

熱膨脹による変形

例えば，図 2.9 (a) のように 2 枚の板があると考えてください．どちらも常温で，同じ寸法とします．同図 (b) では，上の板だけを少し加熱したので，長さが少し長くなっています．下の板は常温のままです．今，この 2 枚の板を，両端を合わせてピッタリ張り付けたところを考えてみてください．重なった板は同図 (c) のように少し上にそりかえるはずです．

(a) 上下に常温の板

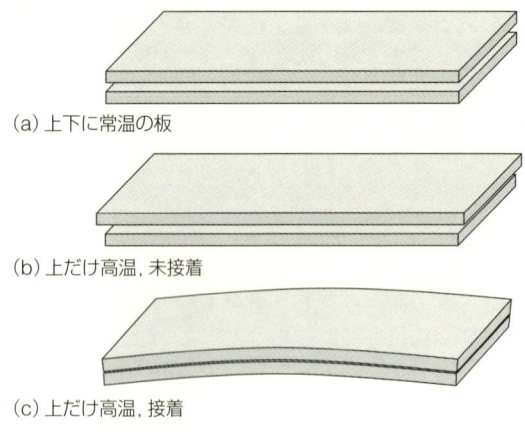

(b) 上だけ高温, 未接着

(c) 上だけ高温, 接着

図 2.9 温度差による板の曲がり

　では，始めから2枚の板が接着してあったとすれば，どうなるでしょうか．上下の板の温度が違う限り，答えは同じですね．やはりそりかえります．さらに，板が1枚だけだったとしても，板の上表面と下表面の温度が違うと，まったく同じことが起こります．そして上表面の温度だけを上げたり下げたりすると，図 2.9(a) と (c) の状態を繰り返すことになり，結局，温度の高低によって曲げの繰返しが起こることになります．

　皆さんの中には，もう気づいている人もいるでしょう．この原理は温度計に使われているのものと同じです．ただし温度計では，上下の板の材質を変えて，同じ温度変化でも一方の板だけが大きく膨張するようにしてあります．そうすると同じようにそりかえるわけです．これは2枚の違う材質の板を貼り合わせて作るので，バイメタルと呼びます．バイ (bi-) とは，2という意味ですね．

熱応力

温度変化による疲労が深刻な問題となるのは，ある程度厚い板，又は太い軸などで，表面と内部の温度差ができるときです．温度差ができると，そこには応力が発生するのですが，それを**熱応力**と呼びます．まず，図 2.10 を見てください．

ここでは，ブロックの表面と中心の温度差を考えます．今，ある大きさの常温のブロックを温度の高い，例えば 500 ℃ の炉の中に入れるとしましょう．そうすると，ブロックの表面はたちまち 300 ℃，400 ℃ と温度が高くなり，膨張していきますが，内部はまだ常温なので，全体の寸法は変わりません．ですから表面のある部分を考えれば，その部分は四方から圧縮を受けることになります．それが図 2.10 (a) の状態で，表面は**圧縮の熱応力**を受けています．

しかし，時間がたつとブロックの内部も 500 ℃ になりますから，内外の温度差はなくなって全体が膨張した状態になり，熱応力は働かなくなります．

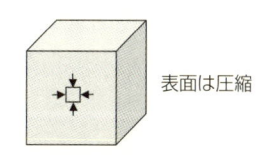

(a) 加熱時：表面だけ高温 T_2 ℃，内部は常温 T_1 ℃
表面は圧縮

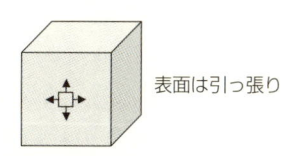

(b) 冷却時：表面だけ常温 T_1 ℃，内部は高温 T_2 ℃
表面は引っ張り

図 2.10 表面と内部の温度差により表面が受ける力

問題はこれを冷やすときに起こります．500℃のブロックを炉から取り出し，例えば水の中に入れたとしましょう．生産工場では鋼の熱処理といって，このようなことをよく行います．水は100℃で蒸気になりますが，そのときにブロックの熱を奪うため，ブロックは表面だけ冷やされてちぢみます．しかし中の方は高温のままですから，今度は表面だけが**引っ張りの熱応力**を受けるのです．それが図2.10(b)の状態です．

もし，ブロックが特にもろい材質ですと，この引張応力によって割れてしまうことがあります．鋼の熱処理では，熱応力のほかにも原因があるために，実際に割れてしまうこともときどき起こります．

熱応力による塑性変形

見のがしがちなのが，こういった熱応力によって塑性変形が起こるかもしれないことです．前に説明しましたが，応力やひずみが大きい範囲では，ひずみには弾性ひずみと塑性ひずみが入っていて，応力を0に戻すと，弾性ひずみは消えるのですが，塑性ひずみはそのまま残ります．

図2.11を見てください．ブロックを加熱するとき，ブロック表面の圧縮熱応力が降伏点を超えるほど大きいと，圧縮の塑性ひずみが起こります．普通の鋼鉄を500℃に加熱すると，だいたい0.5％くらい膨張します．ところが500℃では，0.3％もひずみを与えると，降伏点を超えてしまうのです．ひずみはブロック表面では圧縮ですから，図の(a)のようになります．500℃に達したときには，(a)の点Aのように，圧縮の塑性ひずみを起こし，応力を受けた状態です．

点Aから表面を冷やしていくと，図2.11(b)のように応力は圧縮

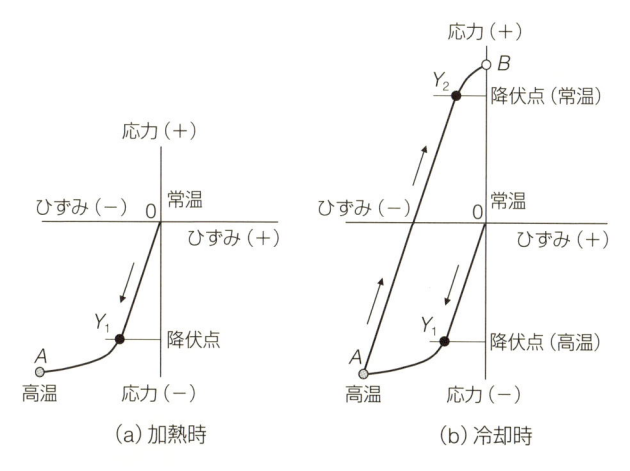

2.4 温度変化を繰り返し受けるもの

図 2.11 加熱，冷却による応力とひずみ
(a) 加熱時　(b) 冷却時

から引っ張りに変わります．そして始めの温度に戻り，ひずみが0になったときには点 B にあり，強く引っ張られてふたたび降伏点を超えるため，引っ張りの塑性ひずみを起こしています．

実際には，圧縮の降伏点 Y_1 は，材料が高温で弱くなっていますから，冷えてきたときの引っ張りの降伏点 Y_2 より，数値としては小さいでしょう．それは材料の種類によって違いますが，加熱－冷却の熱サイクルにより，圧縮－引っ張りの塑性ひずみサイクルを受けることには変わりありません．つまり，低サイクル疲労を受けるのです．

このように，熱サイクルを受ける機械部品などでは低サイクル疲労を起こすことがあり，疲労破壊までの寿命は，材料や寸法によっては，非常に短くなることがあります．

熱疲労

図 2.12 は，1974 年にアメリカで，発電用蒸気タービンの軸が，

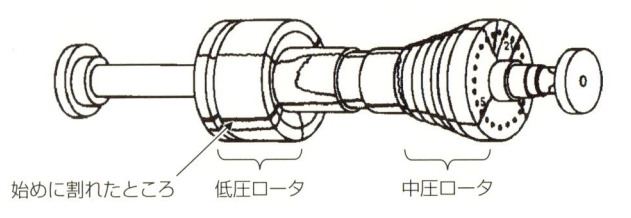

図中ラベル: 始めに割れたところ／低圧ロータ／中圧ロータ

図 2.12 蒸気タービン軸の熱疲労による破壊

熱応力の繰返しによって疲労破壊し,大事故となった例で,図はタービン軸の疲労を表しています[9].このタービンは140気圧,566℃で,106 000時間使用したところで,運転中に突然割れて,遠心力によって周りの装置や施設などを吹き飛ばしたものです.

詳しい事故の内容はあまり知られていませんが,破面写真などから推定すると,軸はだいたい太いところが1.4 mくらいの直径で,全体の長さは6 mくらいのものだったようです.壊れたのは,軸の内外温度差による熱応力の繰返しが原因でした.熱応力の繰返しによる疲労を**熱疲労**と呼びます.先ほどの説明から分かるように,熱疲労は低サイクル疲労となることが多く,危険なのです.

タービン軸には中心に,縦に穴があけてあります.そもそも溶けた鉄を冷やして固めるときに,まわりから冷えて固まりますから,中心部にややもすると不純物が集まりやすいので,ドリルで穴を開けて悪い部分を取り除くのです.事故の原因は,中圧ロータ部分の中心穴の表面に,取りきれていなかった不純物があり,そこから次第に割れが広がり,ついには低圧ロータの部分で破裂したのだそうです.

今までの説明から分かるように,タービンの運転と停止による温度サイクルによって軸の表面は圧縮と引っ張りの熱応力サイクルを

---
9) 文献7), p.253

受けるわけですが，中心穴の表面はそれとちょうど逆の，引っ張りと圧縮のサイクルを受けるのです．そのようにして，軸は中心穴から縦割れを起こしたのだと考えられます．

コールドよりホット

中心穴の表面に働く熱応力を少しでも小さくするためには，タービンの運転を止めても，完全に常温まで冷やさず，あまり燃料を使わない程度の中間温度に保っておくのがよいといいます．こうすると，加熱時に中と外の温度差を小さくできるからです．これをホットスタートといいます．常温からのスタートは，これに対してコールドスタートです．

このタービン軸は，壊れるまでにホットスタートを 183 サイクル，コールドスタートを 105 サイクル行い，最後にコールドスタートで毎分 3 400 回転の運転速度まで上げたときに破裂したのだそうで

一日のスタートはコールドよりホット

す．全部で 300 サイクルにもならない低サイクル疲労でした．

　中間温度が何度だったのかはっきりしませんが，仮に 300 ℃ くらいとすると，運転温度は 566 ℃ でしたから，常温スタートではほぼ 500 ℃ の内外温度差ができるのに対し，ホットスタートではその半分の約 250 ℃ で済みます．つまり，熱応力は 1/2 にやわらげられたはずなのです．

　この事故のあとで，ホットスタートは広く行われるようになりましたが，それでも検査や修理などのために常温まで冷やすこともあり，低サイクル疲労を起こす可能性は残ります．そこで，軸の中心穴を利用して穴の内部から傷や割れの検査を定期的に行い，問題のないことを確認して使用するようになりました．

　どうしても疲労が起こるなら，できるだけ早いうちに見つけて修理や交換をするのです．早期発見・早期治療というと，何か人間ドックの話みたいですが，機械や設備でもまったく同じなのです．

変形が進んでいくこともある

　もう一つ，温度変化の繰返しがあると，材料の形や寸法によっては，次第に変形が進んでいくことがあります．これは主に，材料の片面だけが先に温度変化を受け，反対面はその熱が伝わってから，少し遅れて温度変化を起こすようなときに多いのです．これが起こると，まっすぐだと思っていた材料が曲がってきて，始めはなかったはずの曲げ力も受けるようになるため，疲労を起こしやすくなります．

　ひょっとして，皆さんの家のキッチンにあるフライパンやなべを平らなところに置いたとき，グラグラしていませんか？　新品はぐらつきません．これは冷たいなべを火にかけて，底の下側の表面を急に熱すると，その面が膨張し，まわりから押されて下側にふくら

むのですが，その繰返しで次第に変形した結果です．ぐらつくなべは，よく見ると，底の中央が火に当たる側にふくらんでいることが分かるでしょう．

　加熱や冷却をゆっくり行うと，熱応力は発生しません．すべては温度差によっているからです．でも，現実の機械などではそんな悠長なことをしているわけにいかないので，ある程度の急加熱，急冷却をすることがあります．これが疲労の原因になるのです．

　熱疲労は，自動車の排ガス浄化装置や，ロケットエンジン，電子回路のはんだ付けなど，いろいろなところで問題になります．小型化・高性能化で温度が急に上がりやすくなったからです．精密部品では，なべの底のように変形することも許されません．こうして，新しい技術が開発されるたびに，新しい疲労問題が起こるのですが，熱疲労はその中でも複雑でむずかしい問題です．

繰返し温度変化による変形

/まとめ/

疲労が問題になるもの

　具体的にどのような機械や装置で疲労が問題になるか，それを一口にいうのは簡単ではありません．しかし，疲労が問題になる機械や装置について，これまでに説明したことを整理すると，次のようになります．

- 金属材料に，ある程度以上の大きな変形が繰り返して作用するときに疲労が起こる．変形は力によって発生するから，これはある程度以上の力が繰り返し作用するとき，ということと同じである．
- 変形をひずみに，力を応力に換算すると，材料寸法によらない一定の取扱いができる．ひずみは元の長さに対する比率で表した変形，応力は単位断面積当たりの力である．
- ひずみと応力は，ヤング率で結ばれているので，普通は一方が分かれば他方は計算できる．
- ひずみは，直接・間接に応力を受けていなくても，振動や温度変化などによっても発生し，その変化幅が大きいと疲労の原因になりうる．
- 繰り返しひずみの中に塑性ひずみが含まれるときは，疲労寿命が特に短くなる．これを低サイクル疲労と呼ぶ．
- 温度変化の繰り返しによる低サイクル疲労を熱疲労と呼ぶ．熱疲労を起こしにくくするためには，運転休止中も高温に保ったままにして，温度変化の幅を小さくするほうがよい．

　このように疲労は様々な原因で起こりますが，新技術が開発されて材料の使い方が変わると，新しい疲労の原因が見つかることがあります．
　かつて，ジェットエンジンの燃焼ガスを吹き出すところの遮蔽板に，大音響による振動で疲労が起こったことがあり，それを**音響疲労**と呼びました．また，温度変化による疲労でも，配管の中で高温と低温の流体が合流してできる高速の渦のため，**高サイクル熱疲労**が起こることも分かりました．また，応力の作用による疲労と熱疲労が同時に起こるときを**熱機械疲労**と呼び，対策が考えられています．

第3話

疲労はなぜ起こるか

　これまでおはなししたように，金属の疲労は変形の繰返しによって，ミクロな割れができ，その割れが次第に大きくなって，ついには全体を壊してしまう現象です．でも，変形を繰り返すと，どうしてミクロな割れができるのか，そのメカニズムを少し詳しく見てみましょう．

3.1　変形の繰返し

　図3.1(a), (b)は，鉄を繰り返し変形して，疲労したときの表面を顕微鏡で見たものです．まず(a)は，±235 MPaの応力をかけて引っ張りと圧縮を繰り返し，1万サイクルまで疲労したところ，(b)は，同じ応力で5万サイクルまで疲労したところです．(a)と(b)には明らかな違いがあります．

　この鉄の結晶は，(a)に一つだけ点線で示しましたが，さしわたし約30〜60 μmのいろいろな大きさの多角形として見えています．点線の結晶を含め，いくつかの結晶には不規則な平行線模様が見えますが，これは結晶が塑性変形したあとです．この平行線は，(b)でははっきり太くなり，本数も増えています．さらにまた，平行線のある結晶も増えています．

結晶

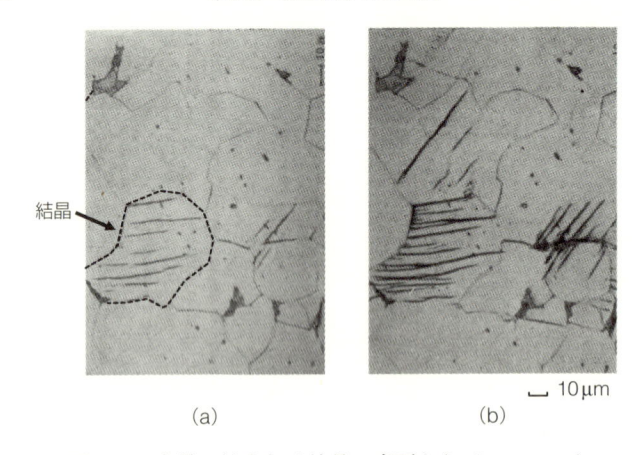

(a) (b) ⊢─┤ 10μm

図 3.1 疲労の始まりは結晶の表面から (M. Hempel)

突き出しと入り込み

図 3.2 は，このような平行線模様の部分の断面を見たもので，写真の下側が鉄の断面です．この写真は，浅く斜めに切った切り口を見ているので，横方向より縦方向が 10 倍くらい大きく見えています．

図 3.1 で表面に見えていた平行線模様は，実はこのようになっていたのです．図 3.2 で断面を見ると，表面からつき出しているところと内部に入り込んでいるところとが，セットになっている様子が分かるでしょう．

このような特長を，**突き出しと入り込み**と呼んでいますが，その幅は約 10 nm（ナノメートル）くらいにすぎません．ナノというのは，ギリシャ語で 9 という意味で，1/1 000 000 000 と 0 が 9 個並んだ 10 億分の 1 m ということを表し，0.01 μm に相当します．

この図は突き出しと入り込みの断面ですから，3 次元で考えると，

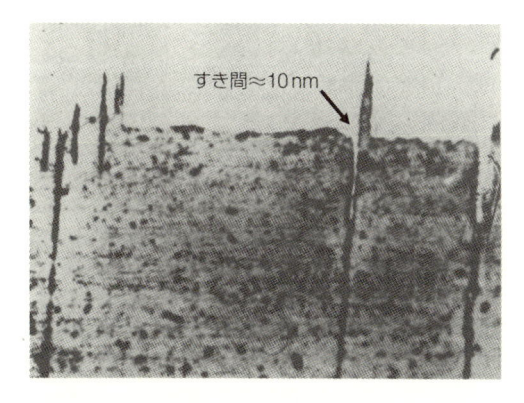

図 3.2 突き出しと入り込み (W. A. Wood)

突き出しは薄い板のようになっているはずですし，入り込みのところは幅の狭い溝のようになっているでしょう．どうして，このような変化が起こるのでしょうか．その原因を探ってみましょう．

3.2 結晶とその変形

これまで金属は変形の繰返しによって疲労すると説明してきましたが，それは金属が結晶でできていることによります．結晶とは，原子が特定の決まった配列で規則的に並んで集まった固体です．細かい話になりますが，なぜ疲労が起こるのかを説明するためには，どうしても結晶の変形のメカニズムに触れないわけにいきません．少しまわり道になりますが，ここからは材料を構成する結晶について見ていきましょう．

結晶の大きさ

機械などを作る標準的な鉄鋼材料では，結晶の大きさは平均して

30 μm くらいが普通です．これは，材料の作り方によって変わります．技術が進んでいなかったずっと昔には，結晶の大きさは数百 μm もあり，しかも不ぞろいでした．

第4話で説明しますが，疲労を起こしにくくするためには，結晶は小さいほうがよいのです．しかし，材料の使い方を考えると，小さいと困ることもあります．そのため，いろいろな大きさの結晶の鋼材を作っていて，用途によって使い分けています．

結晶の大きさが 30 μm というのはどのくらいか，考えてみましょう．今，原子の大きさを 0.3 nm とすると，結晶とは寸法で5桁違うのですから，体積では15桁の違いがあることになります．つまり，結晶1個は，原子が 10^{15} 個も集まってできているのです．億，兆，京と数えれば，1 000 兆個です．そして，米1粒の大きさはだいたい 3 mm の球に近いですから，その中にはおよそ 100 万個の結晶が入る計算になります（図 3.3）．

疲労の元になる突き出しや入り込みは，材料の表面で起こりますが，それがほんの米粒何個かくらいの範囲だったとしても，大変な

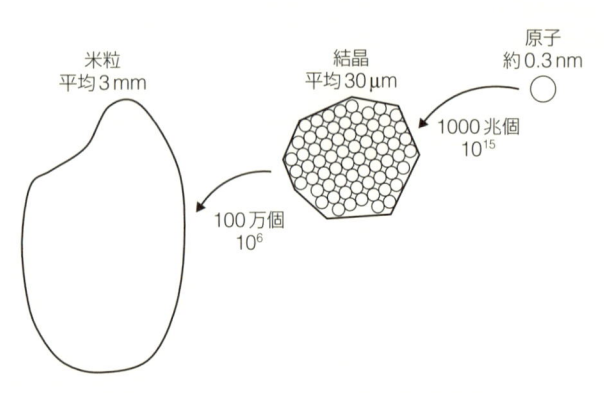

図 3.3 米1粒の大きさは結晶 100 万個

結晶のすべり変形

図3.4(a),(b)は,鉄の結晶一つを取り出してそのイメージを2次元的に書いてみたものです.図(a)は,結晶の始めの様子で,原子はお互いに原子間引力で結びついています.鋼では鉄の原子,アルミニウム合金ではアルミニウムの原子などです.図(b)では,矢印で表した引張力が左右から作用して,結晶が少し変形したあとを示しました.

図(b)をよく見ると,結晶は左右に伸びていますが,同時に上下に少し縮んでいます.これは,右上のブロックAが左下のブロックBに対し,右下にすべってずれたためです.3次元で考えれば,すべったところは面ですが,それを**すべり面**と呼びます.

原子が規則正しく並んでいる (a)

引っぱりを受けて変形したようす (b)

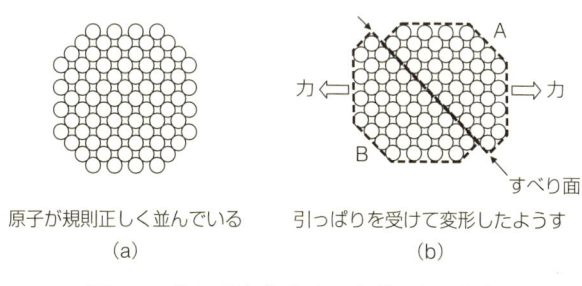

図3.4 結晶が力を受けて変形したようす

実は,この変形には中間段階があり,それは次の図3.5(a)です.ここでは,灰色に影をつけた原子がちょうど今,原子1個分だけ右下に動いたところで,その原子があったところには,原子1個分のすきまができています.このすきまには,同図(b)のように,引き続き左上の原子が追いかけるように入ってくると考えてください.

このようにして、ちょうどドミノ倒しのように、原子は1個ずつ動いていくと考えられています。そして、一番左上の原子が最後に移動すると変形は終わりになり、前の図 3.4 (b) のようになるのです。

このような変形の仕方をすると、全体を一気に図 3.4 (a) の状態から (b) の状態に動かすより、ずっと小さな力で済みます。原子が規則正しく並んでいる純粋な鉄の結晶では、だいたい 1 MPa くらいの応力でもこうした変形が起こるといいます。

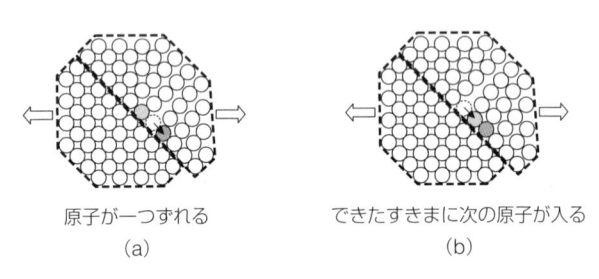

原子が一つずれる　　　　　できたすきまに次の原子が入る
(a)　　　　　　　　　　　　　(b)

図 3.5　原子が一つずつずれていく

3.3　転位というもの

原子が動いてできたすきまのことを、**転位**と呼びます。図 3.6 の (a) を見てください。これは、図 3.5 の中間段階の絵と同じものですが、灰色の原子の並びが余計に入っているようにも見えますね。3 次元で考えれば、結晶の左下側から 1 枚の原子面が入り込んでいて、その原子面の切り口が灰色に見えているといってもよいでしょう。そうすると転位というのは、この図面を貫いている線と考えることになりますから、その意味で**転位線**ということもあります。

3.3 転位というもの

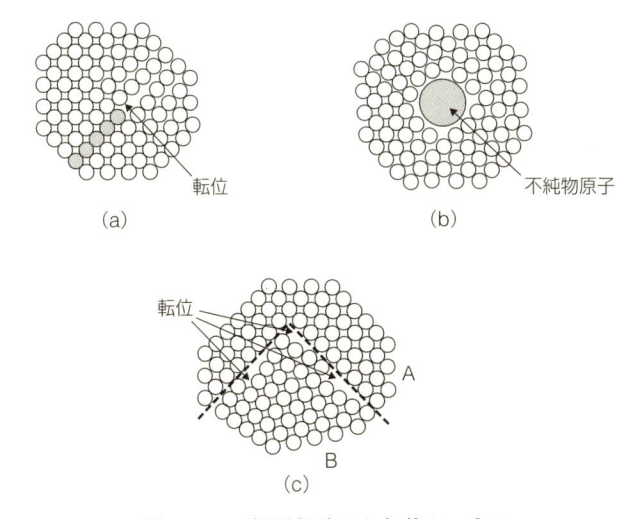

図の説明:
(a) 転位
(b) 不純物原子
(c) 転位, A, B

図 3.6 不規則部分から転位ができる

転位ができる原因

普通の金属材料には，材料を作る段階でできた転位線がたくさん残っています．どのくらいあるかというと，最も少ないときでも，だいたい 1 mm^2 当たり 100 万本はあるといいます．結晶の大きさを 30 μm とすれば，これは 0.03 mm ですから，結晶の断面積は約 0.001 mm^2 です．ということは，一つの結晶には始めから，もっとも少ないときでも 1 000 本くらいは，転位線が含まれているのです．

また，図 3.6(b) のように，大きさの違う不純物原子が入っていたり，同図 (c) のように少し並び方の違う原子ブロックが隣り合っていたりすると，原子の配列はどうしても乱れます．力が作用すると，そうした乱れたところの原子がすぐ動きやすいことは分かりますね．

特に，(b)や(c)のようなタイプの乱れでは，転位が動いた後も乱れがなくなりませんから，力が作用しているあいだは続けていくらでも転位ができて，どんどん変形が続くのです．

普通の金属材料では，もともと結晶の中にこのように不規則なところが無数に多くあるため，力がかかると，どこかの不規則なところが出発点となって転位が動き出すのです．

転位とドミノ倒しの関係

転位の正体はすきまなので，そこには物質は何もありません．結晶を非常に薄く切り，電子顕微鏡で透かしてみると，転位のところは電子が通りやすいですから，影絵のようにして転位を観察することができます．このようにしていると，まるで転位という物質が，実体としてあるかのような感じがしてきます．

学者の多くは，結晶のすべり変形は転位が動いて起こる，というように表現します．原子が一つずつ，左上から右下に動くとすれば，転位はその逆に，右下から左上に動くというのです．そして，転位に働く力を計算したり，転位の移動速度を求めたりします．本当は，すきまなのに……ですね．

しかし私たちも，力による結晶の変形は，**転位の移動により起こる原子ブロックのずれ**である，と考えましょう．

ところで先ほど，原子がドミノ倒しのように移動する，といいましたが，ドミノ倒しでは，倒れる方向と変化が起こっている点の移動方向が同じです．転位の動く向きは，原子の動く向きとは逆ですから，ドミノ倒しというのは正確なたとえではありません．むしろ，ドミノが倒れてあいたすきまに，となりのドミノが倒れこんでくるようなものですね．絵に描くと，図3.7のようになるのではないでしょうか．

力はまだ作用していない

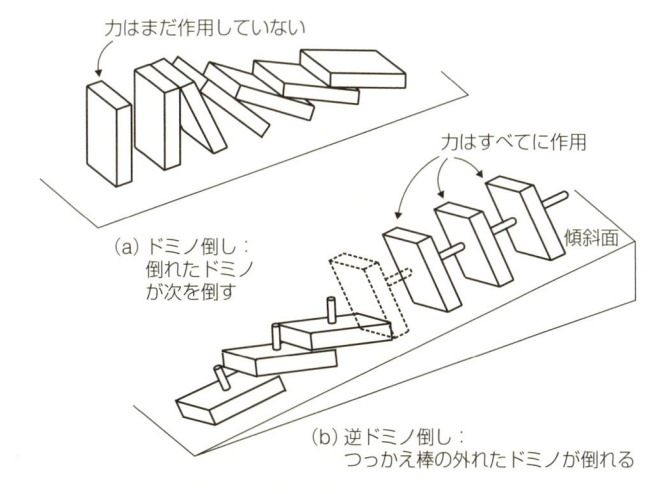

(a) ドミノ倒し：
倒れたドミノが次を倒す

力はすべてに作用

傾斜面

(b) 逆ドミノ倒し：
つっかえ棒の外れたドミノが倒れる

図 3.7 転位の動きは逆ドミノ倒し

　ちなみにドミノというのは，イタリアの古いカードゲームから来たことばで，骨などを張った厚みのある札を使ったようです．これを立て並べて倒す遊びがドミノ倒しですが，日本でも将棋の駒でやりますね．それは将棋倒しといいます．混んだバスの急ブレーキなどでは，乗客が将棋倒しになるなどといいますが，転移の動く様子は，どちらかというと将棋倒しという表現のほうが近いかもしれません．

3.4　金属の特長の一つ

金属らしさ

　これまで，疲労は結晶の中に起こるすべり変形から始まり，それは転位の移動によるものだ，と説明してきました．重要なことは，

このような変形の仕方が，金属の結晶では原子が原子間引力で結びついているために，特に小さな応力でも転位の移動が起こりやすいということです．疲労の発生という点からは，これは困ったことですが，一方で，金属に力を加えて塑性変形させることができるのも，転位のおかげなのです．

同じように結晶であっても，食塩のような化合物の結晶や，ダイヤモンドのように原子が非常に強く結びついている結晶では，普通このような変形をすることはありません．

転位による塑性変形は，**金属の大きな特長**なのです．金属には，他の材料と比較して，強い，長持ちする，電気や熱を通しやすい，金属光沢がある，などの特長がありますが，結晶が転位の移動によって塑性変形できるというのも金属の非常に大きな特長なのです．

延性とぜい(脆)性のディレンマ

力を受けて塑性変形する性質を，**延性**と呼びます．延性が大きいということは，よく塑性変形できるということです．延性の反対は，もろい性質で，**ぜい性**といいます．ぜい性材料は，力をかけると塑性変形せずに割れてしまいます．

図3.8は，金属の強さと延性やぜい性との関係を，その硬さを横軸にとって示してみたものです．これはいろいろな金属の傾向を示すだけで，具体的な種類によって細かい点はずいぶん異なります．しかし，硬い金属は強く，ぜい性で割れやすいものが多いのに対し，あまり硬くない金属は弱く，延性で割れにくいものが多いのです．

金属に延性がなかったら，例えば鉄板を丸めてパイプを作ったり，なべなどの形に成形したりできません．また当然，自動車のような美しい曲面をもつ製品を作ることは，まず無理でしょう．例えば，鋳物などで曲面を作ったとしても，その自動車はどこかにぶつかる

と簡単に割れてしまい，塑性変形してショックをやわらげることができないので，大変危険です．

つまり，**延性は金属のありがたい特長**なのです．しかし，それが同時に，**疲労を起こす原因**にもなっているのです．延性を認めるということは，疲労を受け入れざるを得ないということになります．それだからこそ，私たちは疲労の性質をよく知り，疲労とうまく付き合っていく必要があるのです．

硬い金属は強いがもろい，硬さが低い金属は弱いが割れにくい，これは技術者にとって悩ましい問題です．このような，あちらを立てればこちらが立たない，そういう問題をディレンマともいいますが，金属材料の疲労も，まさにそうなのです．延性の高い，使いやすい材料で，しかも疲労を起こしにくい材料は，両立させることがむずかしいのです．しかし，何とかこのディレンマを解決しようとして，いろいろな方法がとられています．詳しいことは，6.1 節でおはなししましょう．

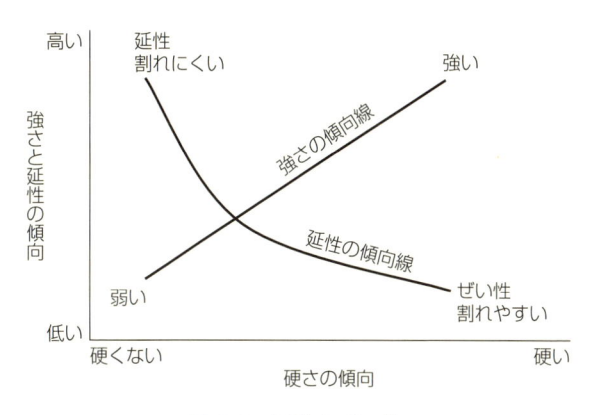

図 3.8 延性とぜい性

3.5 環境の影響

酸素と水蒸気

ここで，なぜ，突き出しや入り込みができるのかについて，考えられている原因の一つを説明しておきましょう．それは金属が人間と同じように，地球の大気環境で使われているから，というのです．"ヘェー，ホント"と驚く人もいるかと思いますが，まあ，聞いてください．

図3.9は，金属の表面にある結晶が，左右から引っ張りを受けて，少しすべったところを，縦割りにしてみたところです．材料の表面は，普通，大気中の酸素と化合して薄い酸化膜ができています．そしてその上に，水蒸気やその他のガスの分子がくっついたり，油脂など他の汚れがついたりしていますが，一応，安定な定常状態にあります．図では，これを**定常表面**として，太線で示しています．

力が作用して結晶の中にすべりが起こると，定常表面は壊れて，そこに内部の新しい原子面が顔を出します．これを**新鮮原子面**と呼びましょう．この新鮮原子面は，定常表面に比べて桁違いに活性なので，瞬間的に酸素や水蒸気などと結びつく反応が起きます．そう

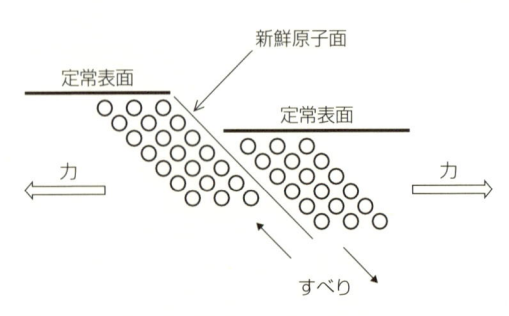

図3.9 引っ張りを受けてすべりが起こった様子

すると力の向きが変わっても，今すべった表面はもはや鉄の原子面ではないわけですから，元の結晶の中には戻ることができないのです．

その様子を示したのが図 3.10 です．ここでは，前のすべり面で空気にさらされたところは，もう定常表面に近くなったとして太線で示しています．力の向きが逆になり，圧縮を受けると，同じところは完全には元に戻れませんから，それに近い原子面で逆方向にすべり，全体としては，ほぼ元の形と寸法に戻ろうとします．すべり面の向きは決まっていますから，逆すべりは，少し離れた平行な原子面になります．しかし，そこにはいくらかの段差が残ることになります．

これが再び，引っ張りを受けるとどうなるでしょうか．また，別のすべり面ですべりが起こるでしょう．このようにして，力の繰返しにつれ，すべりと逆すべりを繰り返す結果，すべり面は隣りへ隣りへと，だんだんに広がって行きます．このようにして，突き出しと入り込みができるのです．

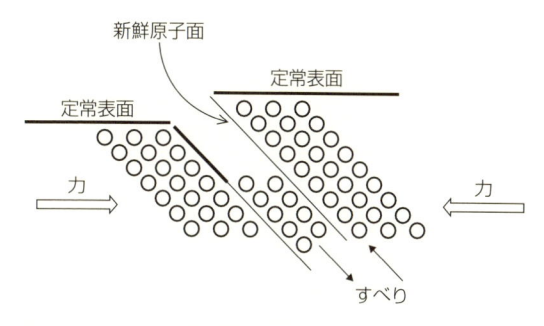

図 3.10 続いて圧縮を受けて逆方向にすべった様子

宇宙空間での疲労

このように,すべりと逆すべりが同じ面で起こらない理由の一つに,酸素と水蒸気の影響があると考えられるのです.もし,酸素や水蒸気の影響がなければ,すべった面と同じ面でも逆すべりが起こりやすいでしょうから,突き出しや入り込みはあまりできないでしょう.実際に,真空中で疲労の実験を行うと,壊れるまでの寿命は1桁も長くなることが分かっています.ただ,この真空は実験室で作った真空ですから,まだ少し酸素やほかのガスが残っています.

では,もっと酸素も水蒸気もない宇宙空間で,金属は疲労するでしょうか.この答えは,まだ実験してみた人がいないので不明です.もともと宇宙空間は無重力ですから,疲労を起こすような力はあまり作用しないかもしれません.しかし,宇宙ステーションなどでは,太陽に照らされる側と,日陰になる側の温度差や,姿勢を保つときのロケットの噴射などによって,ひょっとすると疲労が起こるかもしれません.でもこれはまだ,将来の問題です.

金属以外のものも疲労するか

今まで,金属の疲労に限っておはなしをしてきました.疲労を結晶の繰返しすべり変形と結びつけて考える限り,金属以外の材料で疲労するものはなく,疲労は,金属固有の性質といえそうです.

ただし,疲労を単に力の繰返しによって次第に壊れていく現象ととらえると,プラスチック材料やある種のセラミック材料も疲労するといえます.事実,プラスチックスやセラッミックスの仲間にも,結晶になる種類もあります.しかし,普通すべり変形することはありませんし,突き出しや入り込みなども見つかっていません.ですので金属以外の材料でも,疲労ということばは使いますが,その意味する内容は同じではありません.

/まとめ/

金属疲労の原因

 ここで，金属がなぜ疲労するのかという問題について，これまでに説明したことの要点をまとめておきましょう．

- 金属は結晶からできている．結晶は力を受けると転位が動いてすべり変形する．
- 材料表面に現れた新鮮原子面には酸化や吸着が起こる．
- そのため，逆向きの力が作用しても同じすべり面では戻れない．そこで平行した近くの別のすべり面で逆すべりが起こる．これを繰り返して，突き出しや入り込みができ，ミクロ割れが発生する．
- 転位による結晶のすべり変形は，金属の延性の元（力を受けて塑性変形する性質）であり，必要不可欠である．すべり変形を認める限り，金属の疲労を完全に起こさないようにはできない．
- だから，疲労の性質をよく知り，うまく付き合うことが必要である．

 なお，ここで説明した材料表面からミクロ割れが起こる疲労のメカニズムは，金属疲労の最も基本的なものの一つです．しかし，疲労の原因は，これだけではありません．例えば，ミクロ割れが起こらないように表面を強化した材料や，また作用応力が低い条件では，材料内部の小さな欠陥などからミクロ割れが始まり，疲労破壊することがあります．

 応力が低い条件での材料内部からの疲労は，寿命が 10^9 サイクルというような多数回の繰返しになることが特徴です．10^6 のメガ(Mega)に対して，10^9 はギガ(Giga)と表し，これを**ギガサイクル疲労**と呼びます．このメカニズムは，まだ完全には分かっていません．ギガサイクル疲労では，材料内部からの割れのため，酸化や吸着は大きな影響をもたないでしょう．材料内部の水素の影響ではないかとする説もあります．

 ギガサイクル疲労は，特に日本で研究が進んでいます．いずれ原因は明らかになるでしょうが，一方で，更に別の疲労メカニズムが発見されるかもしれませんね．

第4話

疲労が起こる条件

　さて，金属の疲労が根本的には避けられないとすると，疲労によるミクロ割れの発生をできるだけおさえ，ある大きさの力以下では，まず起こらないようにするには，いったい，どのようにすればよいのでしょうか．それを考えるためには，逆に，どのようなところに，また，どのような条件のときに，ミクロ割れが生まれやすいのか，ということを考えてみるのがよいでしょう．

4.1　結晶の変形しやすさ

引きのばすと細くなる

　金属に限らず，材料は何でも，塑性変形が起こるまで大きく引きのばすと，のびたところは細くなりますね．このとき，中のほうではずれが起きているので細くなっているのです．図4.1は，その様子をイメージしてもらうために書いたものです．

　材料はこのような円板でできているわけではありませんが，材料がつながったままのびるためには，このようにずれるしかありません．このようにずれる変形のことを，**せん断変形**といいます．

引っ張ると，45°方向にずれ始める

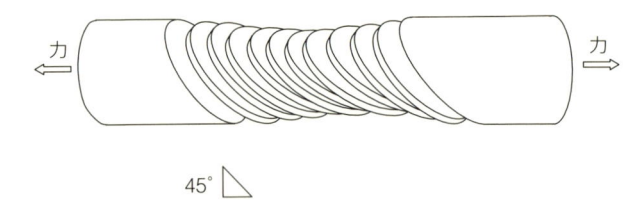

図 4.1 引きのばすと細くなる

せん断応力

せん断とは，はさみ切るという意味で，図 4.2 (a) のような変形の仕方をいいます．このような材料をずらす力は，同図 (b) のように，軸をねじったときにも起こります．軸の表面にある小さい立方体に注目してみると，上面と下面で力の向きが逆になりますね．このときの力を応力で表せば，**せん断応力**といいます．応力ですから単位面積当たりの力ですが，この場合は立方体の底面積を 1 mm^2

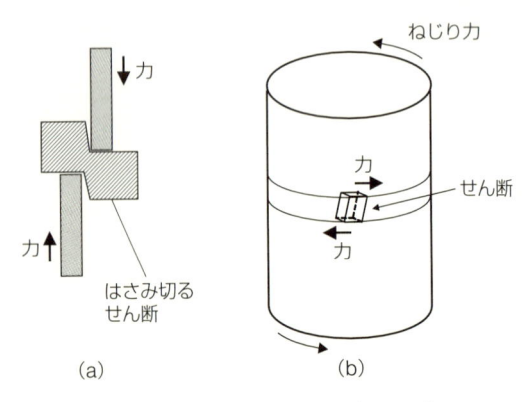

図 4.2 せん断とははさみ切ること

としたときの力(N)になります．中心軸上では，せん断応力は0です．

はさみ切るのと，引っ張りによる変形とは，関係がないと考える人も多いと思います．しかし，せん断応力は，引っ張りによっても起こります．図4.3を見てください．同図(a)のように，引張方向に対し少し傾いた小さい四角形を考えると，その周囲にはせん断応力が働くことが分かりますね．しかし，左右の辺に働く応力は小さく，十分にずれやすいとはいえません．もし上下の辺ですべるなら，すべりの距離がとても長くなり，抵抗が大きいからです．

ずれ変形が一番起こりやすいのは，同図(b)のようにちょうど45°の方向で，この角度でせん断変形が最も起こりやすくなります．つまり，図4.1で円板がずれるような変形が起こったのは，せん断変形によるものでした．なお，45°の方向は左斜め，右斜め前後の斜めなどたくさんあり，それらが混ざって起こるので，軸は断面が

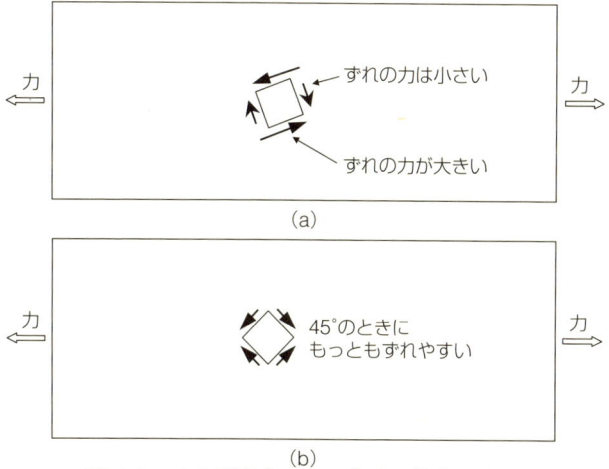

図4.3 せん断応力は45°方向で最大になる

丸いままで細くなります．

引張強度は疲労強度の目安

第2話の中で，降伏点について説明しました．降伏点というのは，塑性変形が起こり始める応力ですが，それは，せん断応力がある限界の値になったとき，せん断の塑性変形が始まる点を意味していたのです．これは重要なポイントです．材料の疲労強度を決めているのは，せん断の塑性変形が繰り返し起こる応力なのです．

降伏点の応力は材料によって違いますが，だいたいのところ，引張強度が高い材料は，降伏点も高い傾向があります．つまり，引張強度が高い材料は，疲労にも強いのです．つまり，疲労を起こすかもしれないばねや車軸などは，引張強度の高い材料で作る方がよいのです．

しかし，引張強度の高い材料の中にも，問題点があります．それを説明するには，もう一度，結晶のはなしに戻る必要があります．

疲労の芽になる結晶

さて，第3話で説明したすべりやすい結晶とは，力の繰返しを加えたとき，せん断変形が最も起こりやすい45°の方向に，その結晶のすべりやすい面がちょうど一致している，そのような結晶なのです．しかもその結晶は，材料の表面にあって，突き出しや入り込みを作るものでなければなりません．

これまで説明したように，転位の元になるような不規則部分をもった結晶は，実際の機械などには無数にあります．そして，ある程度大きな力が働くと，その中にすべりが起こり，その繰返しによってミクロ割れができる可能性があります．つまり結晶は，いわば疲労の種のようなものです．種は無数にありますが，その中でも，芽

の出やすい種と出にくい種があります．疲労の芽が出にくい結晶とはどのようなものでしょうか．それを取り除くか，数を減らすことはできないものでしょうか．次でこれらを明らかにしましょう．

4.2　金属組織の粗さ

ここでいう組織とは，会社や団体の組織と同じように，金属を構成している内部構造のことです．鉄鋼の組織については，別の本に詳しい説明[10]があるので，ここでは，金属の疲労という面から見て，最も関係の深い，結晶寸法のはなしを中心にしたいと思います．

結晶は団体で行動する

結晶は，結晶ごとに原子の並ぶ向きが違っています．もし，まったく同じ向きに並んでいるならば，それは同じ結晶になります．ということは，もし図4.4で結晶Ⓐが，たまたま向きが適当だったため結晶内の転位が動いたとしても，それは隣の結晶との境界で，くい止められてしまいます．結晶Ⓐがすべり変形できるためには，Ⓐの境界面にできる凹凸を，隣の結晶も同じように変形して受け入れてくれる必要があるからです．

つまり，隣の結晶との境界面は，転位の動きに対しては，それをくい止める壁のように働きます．結局，結晶は自分だけでは単独行動することができず，周りの結晶と団体行動をとる必要があるのです．周りの仲間が，どっちを向いているかによって自分の行動が左右されるのです．何となく，気の小さい人のようで，人間くさいところがありますね．

ところが，図4.5のように結晶Ⓐが周りの結晶よりはっきり大

---

10) 大和久重雄 (1984)：鋼のおはなし，日本規格協会

きいときには，抵抗となる壁が遠くにあるわけですから，転位は自分の結晶の中だけで，ある程度の動きができます．周りの結晶が協力するかどうかは，あまり問題にはなりません．大きさによって隣

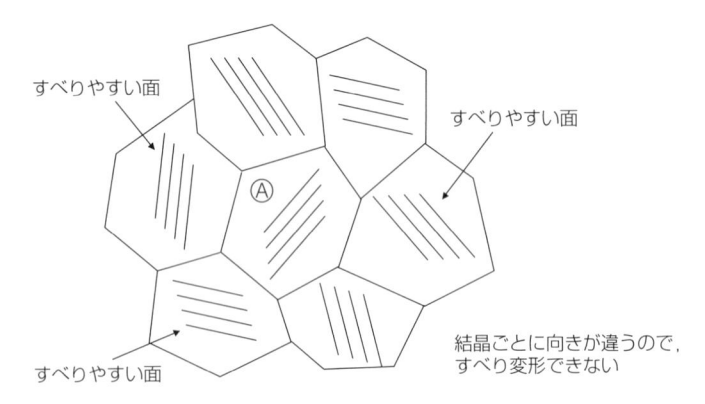

図 4.4 結晶はすべりたい向きが違う

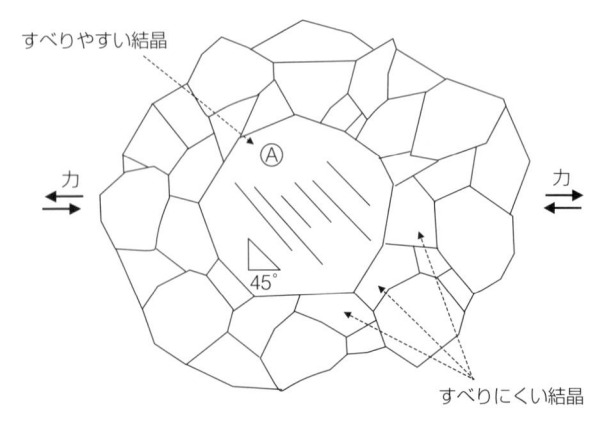

図 4.5 大きい結晶はその中ですべる

近所を気にするかどうかが決まるというのも，これまたとても人間的ですね．

結晶粒度

結晶の大きさには特別の表し方があり，それを**結晶粒度**といいます．粒度とは，顕微鏡で 100 倍に拡大して観察したとき，1 辺が 25 mm の正方形の中に結晶が何個あるかの数をいいます．そうすると結晶を正方形で近似したときの寸法は，粒度 1 番が 250 μm，3 番が 125 μm，5 番が 60 μm というようになり，7 番が 30 μm，9 番が 15 μm です．だいたい，粒度 5 番を目安にして，番号の小さいほうを粗い，大きいほうを細かいといいます．

実際の機械用の鉄鋼材料では，結晶は大小が不ぞろいですが，ほぼ粒度 6 〜 8 番くらいが普通です．つまり，寸法にして 20 〜 40 μm の結晶でできているものが多い，ということです．

これからいえることは，小さい結晶は周りの結晶から影響を受けやすく，変形しにくいのですが，その中に特に大きい結晶がパラパラと混ざっていると，その大きい結晶にだけ変形が起こりやすく，疲労の芽になりやすいということです．例えば，平均粒度 8 番の鉄鋼材料でも，その中に 4 〜 5 番の粗大な結晶が混ざっていると，その材料は疲労を起こしやすい可能性があるのです．こういった細かいはなしは，引張強度には現れてきません．

疲労を考える機械などでは，使用する材料はできるだけ粗大結晶を含まない，均質な細粒の鋼を用いることが大切なのです．熱処理は，結晶粒度を調整するのに重要な方法の一つです．これは鉄鋼でもアルミニウム合金でも，原理は同じことであまり変わりません．

4.3 疲労は応力集中に敏感

ここで，結晶や原子などの細かいはなしからはなれて，少し大きい目で疲労を考えてみましょう．とはいっても，疲労はもともとミクロな割れから始まるものですから，どうしても，話は材料の小さな部分にかかわることになります．

切り欠き

まず，図 4.6 を見てください．これは，板を左右に引っ張って壊したところです．板には，前もって，上下から切り込みを入れてあるので，その部分から壊れます．

このような切り込みのことを，**切り欠き**と呼びます．切り欠きは，その部分から壊れやすくするために，わざわざつけてあることも多いのです．例えば，コンビニ弁当などについているしょうゆの小袋

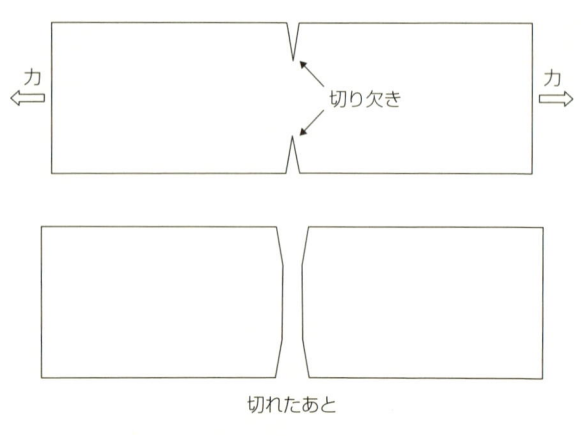

図 4.6 切り欠きの例

は，切り欠きが見つからないと，袋の口をあけるのに苦労しますね．郵便切手や手帳のページなどについているミシン目も，一列に並べた切り欠きの例です．

　切り欠きがあると，疲労でもその部分から壊れることはもちろんですね．前に説明したジュース缶のタブは，ふたの表面に板の厚さ方向に切り欠きをつけてあったので，タブを引っ張ると簡単に口が開き，繰り返し曲げていると，疲労で折れたのです．

　こういった，そこから壊すことが目的の切り欠きでは，切り欠きの寸法が小さすぎると効きめが悪く，あまり役に立ちません．切り欠きとは違う箇所から壊れたりします．でも，疲労の場合には少し様子が違います．

小さな切り欠きも効く

　例えば，図 4.7 のように半径 1 mm の小さな切り欠きが，幅 500 mm の板についているとします．特に Ⓑ のほうは，机みたいなところに鉛筆の先くらいの穴が開いているようなものですね．このような小さな切り欠きは効き目がないと思うでしょう．しかし，高サイクル疲労ではほぼ確実に，切り欠きの部分から，疲労によるミクロ割れが起こります．

　これまで説明してきたように，ミクロ割れは切り欠きよりずっと小さい結晶粒度の寸法で，その中でも比較的大きな結晶から始まるのです．それはせいぜい 100 μm くらい，つまり 0.1 mm 程度の寸法にすぎませんでした．1 mm の小穴といえども，大きな結晶 10 個分に相当します．つまり高サイクル疲労では，小さな切り欠きも大問題なのです．

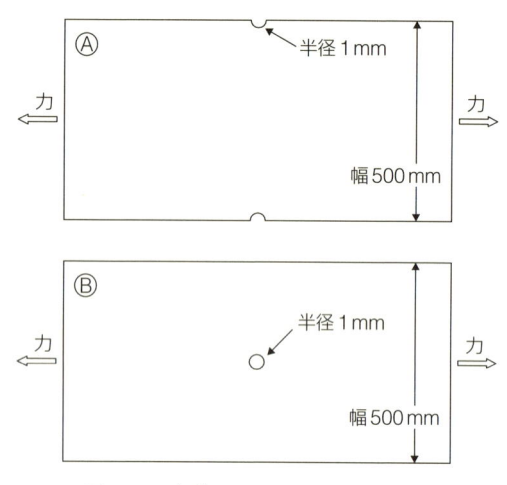

図 4.7 疲労で問題になる切り欠き

　ここで，高サイクル疲労では，と断りましたが，それには意味があります．高サイクル疲労というのは，低サイクル疲労に対する呼び名ですが，低サイクル疲労は，材料全体として塑性変形が起こるような，大きい変形の繰返しによる疲労でしたね．逆に，高サイクル疲労というのは，材料全体としては塑性変形が起こらない，弾性変形の繰返しによる疲労です．

　切り欠きは弾性変形の範囲でも，切り欠きの谷底の部分に応力が集中して作用します．その程度は理論的に，切り欠きの大きさによらないのです．そのため，高サイクル疲労ではほぼ確実に，切り欠き部分からミクロ割れが起こります．しかし，大きな塑性変形を伴う低サイクル疲労では，小さな切り欠きは作用しないことも多く，別の理由もあって，切り欠きから壊れるとは限らないのです．

　この問題も，材料の引張強度だけで疲労強度が決まらない一つの

理由です．引張強度が高い材料のほうが，塑性変形が起こりにくいので，むしろ小さな切り欠きにも敏感に反応しやすく，疲労強度が低下しやすい傾向があります．

応力集中係数

切り欠きの底の部分に応力が集中して作用することを，**応力集中**といいます．この問題は，ノイバー（H. Neuber）という人が早くから研究し，図 4.8 のような切り欠きについて計算方法を示しています．

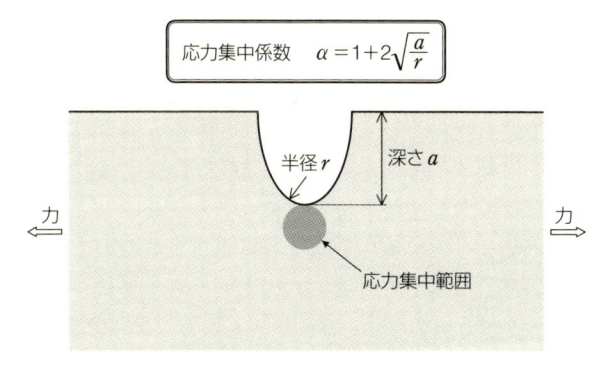

図 4.8 応力集中係数

切り欠きの深さを a，切り欠きの先端の丸みを半径 r で表すと，切り欠きによる応力集中の程度は α 倍になる，というのです．α は，ギリシャ文字のアルファで**応力集中係数**といい，次の式により計算します．

$$\alpha = 1 + 2\sqrt{\frac{a}{r}} \tag{4.1}$$

もし,切り欠き深さが $a=1$ mm で切り欠きは半円形としますと,半径も $r=1$ mm ですから,$α=3$ となります.つまり,切り欠きがなかったとしたときの3倍の応力が作用するのです.

応力集中は切り欠きの先端から離れると,次第に消えていきます.応力集中が問題になる範囲はどのくらいかというと,普通の切り欠きでは,切り欠きの半径 r くらいと考えればよいでしょう.

ここで図4.7に戻ってください.板Ⓐは上下両側に,半円形の切り欠きがあります.この板を,上下中央のところから水平に切って,それを背中合わせに接着すると,Ⓑのように中央に円形の穴がある板になります.つまり,ⒶとⒷは,力学的に同じもので,応力集中を起こす部分は,どちらも2箇所ずつあり,応力集中係数は $α=3$ です.

しかも,これは円の半径によりません.1 mm の穴でも,10 mm の穴でも,丸穴はすべて $α=3$ です.機械や装置では,いろいろな部品を取り付けるねじや配管を通す穴などが,必ずどこかにあります.もし,その穴などが疲労を考えなければならないような繰返し応力を受ける部分にあると,その穴のふちからミクロき裂が発生しやすいのです.応力集中には,特に注意しなければなりません.

応力集中への対策

応力集中は切り欠きの部分に作用するといいましたが,広くいえば,**材料の断面形状が急に変わっているところにはすべて作用します**.例えば,図4.9のようにいろいろな部分が考えられます.そうすると穴だけではなく,ボルトや軸,柱など,ほとんどすべての部分が問題になります.応力集中係数は,疲労を考える設計にとって重要なので,代表的な切り欠き形状の $α$ は,機械設計の便覧などに出ています.

4.3 疲労は応力集中に敏感

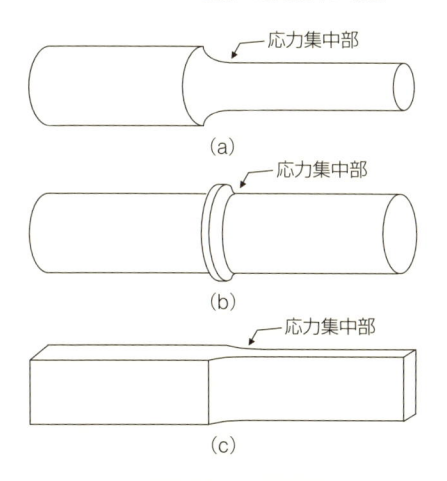

図 4.9 応力集中部の例

　応力集中をやわらげるには，前の式 (4.1) からわかるように，切り欠きの深さ a をなるべく浅くし，切り欠きの半径 r を大きくします．どうしても，断面形状を変えなければならない場合は，できるだけなだらかに変えるようにする必要があります．

　応力集中係数 α は，弾性ひずみの範囲で求めた値ですが，r の小さいするどい切り欠きでは，切り欠きの底に割れができても，すぐ r の範囲を超えて α の影響を受けなくなるため，割れが進まなくなります．そのためもあり，切り欠きによる実際の疲労強度の低下率を $1/\beta$ とすると，$\alpha > \beta$ であり，疲労強度はそれほど低くなりません．β は**切り欠き係数**といい実験から求めますが，設計のときに考えなければならない重要な値です．

4.4 疲労は表面状態にも敏感

疲労は材料の表面状態に敏感です．例えば図 4.10 (a) のように凹凸のある粗いざらざらした表面の材料は，まったく同じ材質で同図 (b) のようによく磨いたなめらかな材料より，ミクロ割れが発生しやすい傾向があります．これは表面の凹凸が，細かく見るとやはり応力集中を起こしているからです．

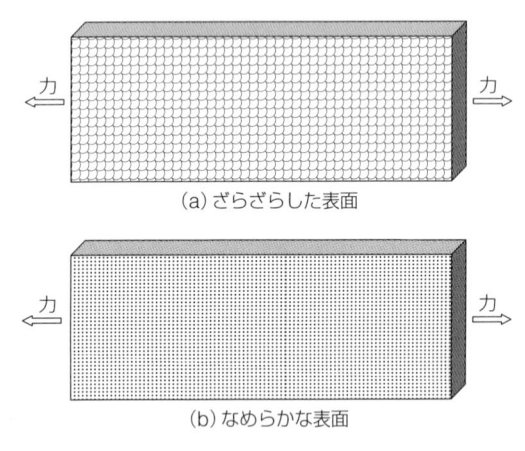

(a) ざらざらした表面

(b) なめらかな表面

図 4.10 粗い表面は弱い

傷は磨いてとる

また図 4.11 のように，表面に浅い凹みや傷があっても，やはり応力集中が起こります．

そのような傷は，機械などを組み立てるときに，材料表面に工具などを落としたり，ぶつけたりしてつくことも，ときにはあるでしょう．しかし，特に疲労を起こしてはならない重要部品では，傷は絶対につけないよう注意する必要があります．万一，傷をつけてし

まったときは，傷のところをよく磨いて，平らに直すのです．応力集中で α 倍の応力が作用するより，材料の厚さが何％か減るほうが，ずっとよいからです．

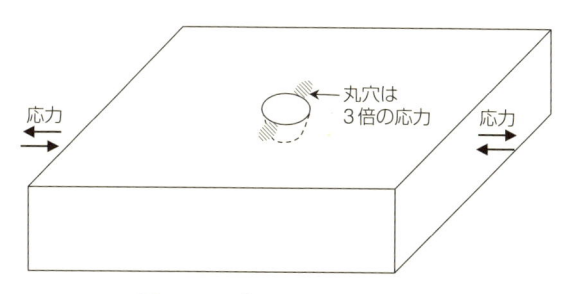

図 4.11 表面の小穴も大問題

角(かど)の問題

例えば，材料を切り出して板を作ったとしましょう．板の表面と側面の角のところは，そのままではとがっています．機械で削ったままでは，多少のささくれもあって，作業する人が手を切ることさえあるくらいです．そのせいもあり，削りっぱなしの角は，シャープエッジと呼んで，嫌われています．これが疲労の芽になりやすいのです．

図 4.12 を見てください．Ⓐ は，表面にある一つの結晶です．これは前に説明したように，周りの結晶に囲まれていて自由にすべり変形しにくいのですが，3 次元で考えれば，当然下側の結晶からも動きをおさえられています．ところが，この結晶が Ⓑ のように，シャープエッジにあるとどうでしょうか．周りにさえぎる結晶がないので，角に近いほど，結晶は周りの結晶が少なくなり，変形しやすいことが分かるでしょう．

つまり，シャープエッジは手を切ったりして危ないだけでなく，

第4話 疲労が起こる条件

疲労のミクロ割れを作りやすいから問題なのです.

シャープエッジは角のところを 45° に削るか, やすりなどで角を落とせば, 簡単になくなります. これを**面取り**と呼びます (図 4.13). 面取りは, 面の角だけでなく, 穴のふちなどにも必要です. 疲労を

Ⓐ

カ ← → ← → カ

下の結晶にも囲まれている

Ⓑ

カ ← → ← → カ

シャープエッジは変型しやすい

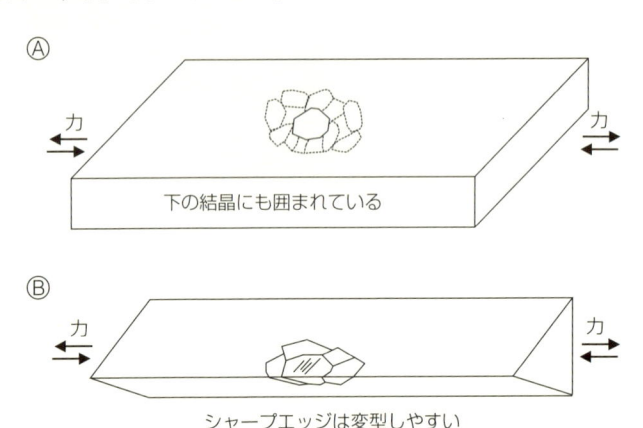

図 4.12　まわりの結晶のため自由に変形できない

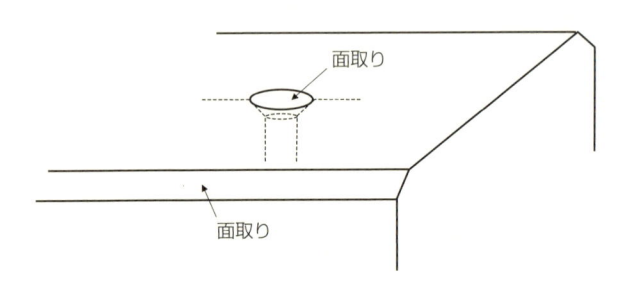

面取り

面取り

図 4.13　面取りは疲労を防ぐ

起こしてはならない機械や装置では，このような細かい注意が，とても大切なのです．

腐食疲労

材料が腐食したときにも，小さな穴ができることがあります．きれいにした鋼の表面に水を1滴落とすと，条件にもよりますが，数分のちには，顕微鏡で見ると立派な小穴ができていることがあります．材料表面に水分がなく，乾燥している場合は，腐食はそれ以上進みません．そのときは，疲労強度は応力集中によって下がることになります．

しかし，周りに水分があり，腐食が引き続き起こる場合は，問題は更に深刻になります．なぜかというと，疲労の始まりは突き出しや入り込みでしたね．鉄の新鮮原子面が腐食環境にどんどん出てくるわけです．腐食環境の性質にもよりますが，例えば塩分などがあると，鉄は溶け出して，一挙に大きな溝ができ，割れに進んでしまうのです．腐食は疲労により促進されるといえます．

腐食環境での疲労を，特に**腐食疲労**といいます．腐食疲労が起こると，かなり低い応力でも疲労が進みやすいので，非常に困ります．ですから疲労を考える機械や装置では，材料の腐食をできるだけ避けるようにする必要があります．

なお，腐食は水分があるときに起こります．水がないからといっても安心できません．空気中の湿度が高いと，金属の表面には露を結びやすいことは知っていますね．これは水です．金属の表面はミクロにみると，普通，空気中ではうっすらと濡れたり乾いたりを繰り返しているのです．その意味で，塗装などで金属の表面をよく保護することは，疲労にも大きな意味があります．じめじめした環境の悪いところは，人だけでなく金属も疲労させるのですね．

表面の強化

もう一つ,ミクロき裂の発生をおさえるのに役立つ工夫をおはなししましょう.それは,材料の表面を強化することです.

図4.14を見てください.何度も説明したように,ミクロ割れは,力の作用により結晶の中にすべりが起こり,それが表面に出ることから始まります.力を0に戻すと,すべり変形した結晶はまわりの結晶から押し戻され,すべったところは,ある程度元に戻りますが,酸化などのため完全には戻らず,その繰返しによって,突き出しや入り込みができてミクロ割れにつながります.それは,転位が動いていって,材料表面の定常表面を破って外に出るからですね.

ということは,表面に硬い,丈夫な膜があれば,転位は外に出られませんから,力を0に戻せば元の状態に戻ると考えられます.図4.15がその例です.実際にそのような皮膜を作ってみると,確かに,疲労強度は上がるのです.また,皮膜だけではなく,表面からある深さまでの層を強化して引張強度を高めるのも,大きな効果があります.

材料の表面を強化する方法はいくつかあります.ここでは専門的になりすぎるので,それぞれを詳しく説明しませんが,大まかにいって,①表面層の加工硬化による方法,②表面層の焼入れによる方法,③化合物皮膜を作る方法などがあります.加工硬化というのは,表面をたたくなどして,きたえて強化する方法,焼入れは表面だけを加熱して水冷し,硬くする方法です.三つ目は,例えば鉄鋼をアンモニア系のガス中で加熱して,表面に窒化物の膜などを作ったりするものです.これらはいずれも実際に使われています.

4.4 疲労は表面状態にも敏感

① 普通の定常表面 ／ ② ミクロ割れができる

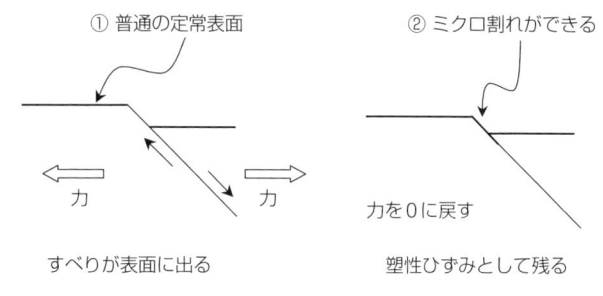

力 ← → 力　　力を0に戻す

すべりが表面に出る　　塑性ひずみとして残る

図 4.14 ふつうの表面にはミクロ割れができやすい

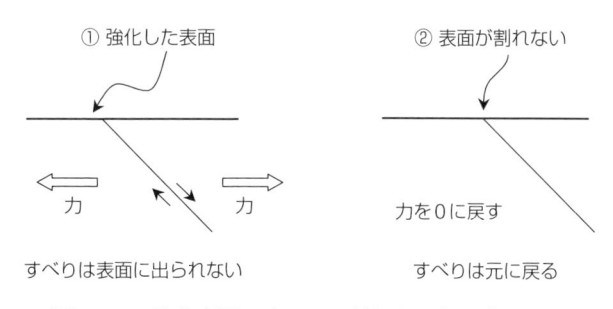

① 強化した表面 ／ ② 表面が割れない

力 ← → 力　　力を0に戻す

すべりは表面に出られない　　すべりは元に戻る

図 4.15 強化表面にはミクロ割れができにくい

━━ /まとめ/ ━━━

疲労の発生を防ぐには

　この章ではミクロ割れを起こしやすいところや，それを防ぐにはどうすればよいかについて，いろいろな角度から紹介しました．疲労防止の対策は，これだけではありませんが，これまでのところをまとめておきましょう．

- 材料の強さは高いほうがよい．高い応力まですべり変形が起こりにくいので，ミクロ割れが発生しにくい．
- 金属の組織としては，できるだけ結晶が細かく，粗い大粒が混ざっていない，均質なものがよい．
- 応力集中は，疲労を起こす可能性のある部分にはできるだけ避ける．やむをえないときは，切り欠きの半径を大きくし，切り欠き係数を考えて設計する．
- するどい角は作らない．穴のふちなどは丸めておく．
- 材料表面は，なるべくなめらかで，傷がなく，腐食しないように保護するのがよい．できれば硬いほうがよい．
- 腐食が起こると疲労は加速される．同時に腐食自体も疲労が起こると加速される．

　なお，できてしまったミクロ割れを大きくしないための対策も重要です．これについては，第6話でおはなししましょう．

第5話

疲労を考えた設計

いろいろな機械や装置，構造物などは，私たちの日常生活にとって安全で，確実に働いてくれなければなりません．それらが金属の疲労のために問題を起こさないようにするには，どのようにすればよいのでしょうか．機械や構造物などの設計では，疲労対策をどのようにしているのでしょうか．ここではそのような専門のはなしを，少し紹介してみましょう．

5.1 繰返し応力

これまでの説明から，金属の疲労は応力が繰り返し作用すると起こることは，分かりましたね．疲労の元になるこの応力を，特に**繰返し応力**と呼ぶことにしましょう．疲労によって壊れるまでの寿命は，繰返し応力の大小により異なります．しかし，繰返し応力が大きい小さいということは，どのような意味でしょうか．

前の1.5節で，疲労研究の歴史についておはなししたときに，鉱山用チェーンと鉄道車軸の疲労試験についての例をあげました．チェーンが受ける応力は吊り上げる重さで決まり，それ以上にはなりません．つまり，設計で考えるのは繰返し応力の最大値です．また，最小値はもちろん0です．一方，車軸では回転曲げですから，回転につれて，軸の表面は同じ大きさの引っ張りと圧縮を繰り返し受けることを説明しました．

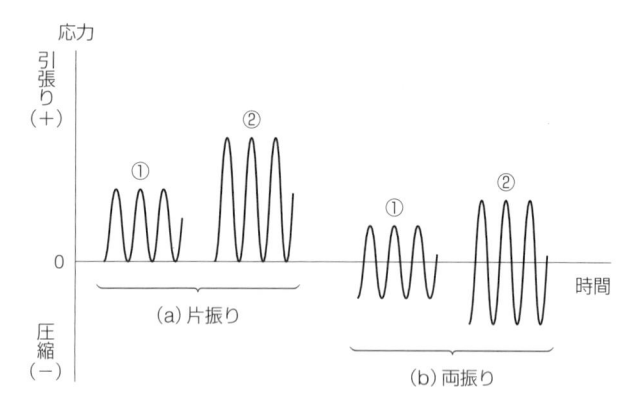

図 5.1 片振りと両振りの繰返し応力

このことをグラフに書いてみると，図 5.1 (a), (b) のようになります．引張りを＋，圧縮を－で表すと，鉱山用チェーンは図 (a) のように，0 ～＋間を繰り返す応力を受けるわけで，このようなときを**片振り**と呼びます．鉄道車軸は図 (b) のように，同じ大きさの＋と－の応力の間を繰り返すわけで，このようなときは**両振り**と呼びます．どちらも①のように応力の変化幅が小さいと寿命は長いのですが，②のように変化幅が大きくなると，寿命が短くなります．

しかし応力の変化幅が同じでも，両振りより片振りのほうが全体として引っ張り側にあるために，片振りのほうが材料の疲労にとっては厳しいのです．そこで疲労を考える上では，応力変化幅の大きさと，それが引っ張り側にずれている程度を，数値に表す必要があります．

繰返し応力の大きさを表す数値

図 5.2 には，繰返し応力の 1 サイクル分だけを取り出して示しま

した．1サイクル中には，必ず**最大値**と**最小値**がありますね．これを記号で σ_{max}, σ_{min} と表します．σ はギリシャ文字のシグマで，引っ張りや圧縮の応力を表す約束になっています．記号の右下につけた *max* や *min* は，英語の最大，最小で，マックス，ミンと読みます．

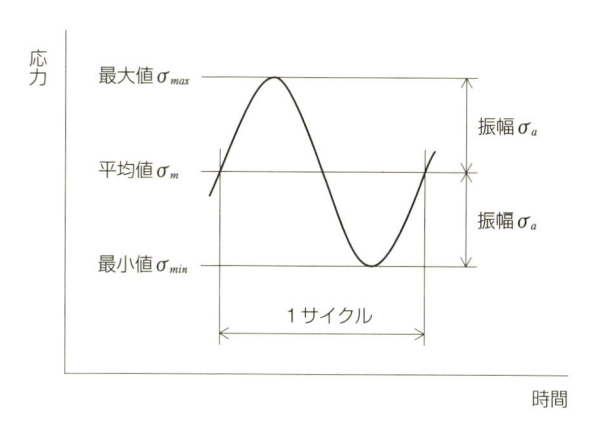

図 5.2 繰返し応力の表し方

繰返し応力の最大値と最小値の差の 1/2 を**応力振幅**といいます．振幅は，σ_a で表します．a は，英語の振幅（amplitude）という単語の始めの字です．また，最大と最小の平均を**平均応力**と呼び，σ_m と書きます．m は，平均（mean）という単語の始めの字です．応力振幅と平均応力を式で書くと，次のようになります．

応力振幅　$$\sigma_a = \frac{\sigma_{max} - \sigma_{min}}{2} \tag{5.1}$$

平均応力　$$\sigma_m = \frac{\sigma_{max} + \sigma_{min}}{2} \tag{5.2}$$

これを用いると，どのような応力サイクルでも，σ_mとσ_aを決めれば決まることになります．回転曲げを受ける車軸などでは，σ_mは常に一定（= 0）ですから，疲労寿命の長い短いは，σ_aの大小だけに対応することになります．

ところがチェーンの例では，σ_{min}が一定（= 0）ですから，寿命はσ_{max}の大小だけに対応します．チェーンに作用する繰返し応力をσ_mとσ_aで表そうとすると，その大小が変わるとσ_mもσ_aも変わることになり，かえって分かりにくいのです．このようなときには，σ_{max}を基準として，最小値σ_{min}はσ_{max}のR倍（$R < 1$）と考えるのです．このRを，**最小最大応力比**と呼びます．呼び名が長いので，単に応力比とか，R比と呼ぶこともあります．

$$\textbf{最小最大応力比} \quad R = \frac{\sigma_{min}}{\sigma_{max}} \tag{5.3}$$

応力比Rを用いると，チェーンが受ける繰返し応力は，$R = 0$の片振り応力ということになり，簡単になります．応力変化幅の大きさは，最大応力σ_{max}で表すのが普通ですが，応力振幅σ_a又は変化幅$2\sigma_a$をそのまま使って表すこともあります．人や場合によって，いろいろな表し方を使うことがあるので，注意してください．

応力比Rは，最小応力が0でなくても，設計で最大応力に注目する必要のあるときに用いると便利です．例えば，自動車を支えるばねなどは，$R = 0.5$くらいのものが多いようです．これは，最小応力が最大応力の1/2ということですね．

5.2 疲労試験のデータ

機械や構造物を疲労を考えて設計するためには，それを構成する材料の疲労に対する性質が分かっていなければなりません．材料の

5.2 疲労試験のデータ

疲労強度を調べるにはいろいろなやり方がありますが，普通は専用の疲労試験機を用いて，一定寸法の試験片に繰返し応力を加えて，壊れるまでの寿命を調べます．これは第1話でもおはなししたとおりです．

S-N曲線と疲労限度

図5.3はそのような試験の結果で，縦軸に試験応力，横軸に寿命のサイクル数をとって示したものです．8個の○印があり，それぞれが別の試験片の結果です．疲労試験にはこのように，普通数個〜十数個のよくみがいた試験片を使います．それはいくら注意して試験しても，疲労寿命には原理的にばらつきがあるため，ある程度多くの試験を行い，全体の平均的な値を知るためなのです．

全体として，応力が低いほど寿命は長くなっていますね．一番右下の2個の試験片は，1 000万サイクル以上の応力でも壊れません

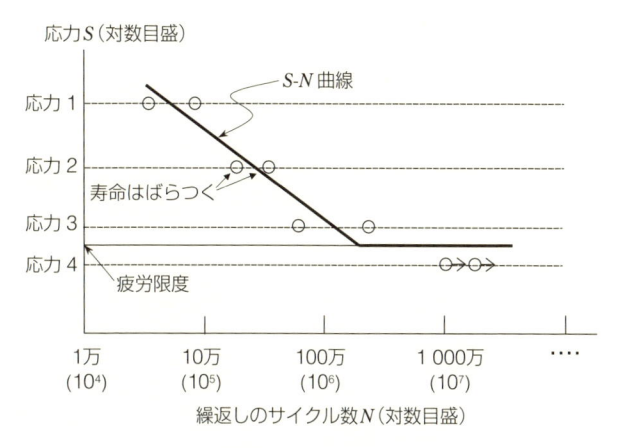

図 5.3 S-N曲線

でした．矢印付きのデータがそれです．全体の平均的な傾向を見ると，太線で示したようになります．ここでは折れ線で書きましたが，折れ曲がり点のはっきりしない曲線のこともあります．この傾向線を，**S-N 曲線**と呼びます．S は，グラフ縦軸の応力の意味で，英語のストレス Stress の頭文字，N は横軸のサイクル数の意味で，英語の Number の頭文字です．

図で，S-N 曲線が水平になるところの応力を，**疲労限度**と呼び，設計に用いる強度の基準値とします．

疲労限度を設計に用いる基準値としたのは，例えば切り欠きによる応力集中などのほかの要素の作用があるからです．もし切り欠き係数が 3 ですと，実際には疲労限度の 1/3 の応力までしかその材料は使えません．疲労限度の数値が分かっても，それだけで済むわけではないのです．

S-N 曲線の読み方

ここで注意しておきますが，S-N 曲線の縦軸には，いろいろな応力のとり方があるのです．図 5.4 に，二つの例を示します．

まず図 5.4(a) は，繰返し応力の平均値 σ_m を一定にしたデータで，右の図に示すように振幅 σ_a はいろいろ変わりますが，σ_m は変わりません．このような試験では，S-N 曲線を表す応力としては，σ_a をとるのが普通です．

また図 5.4(b) は，最小最大応力比 R を一定にしたデータで，S-N 曲線を表す応力には，最大応力 σ_{max} をとるのが自然です．このとき，右の図のように，最小応力 σ_{min} はいろいろな値をとることになります．また，R 比を一定にとった S-N 曲線は，(a) と同じように縦軸を振幅 σ_a にとって表すこともあり，後で説明しますが，応力の変化幅 $2\sigma_a$ に対して表すこともあります．

カタログや雑誌などのデータを見るときには，グラフの縦軸にある応力の数値が大きいからといって，その材料が強いと思い込んではいけません．R 比一定の試験などでは，$2\sigma_a$ を表しているかもしれないのです．注意してください．

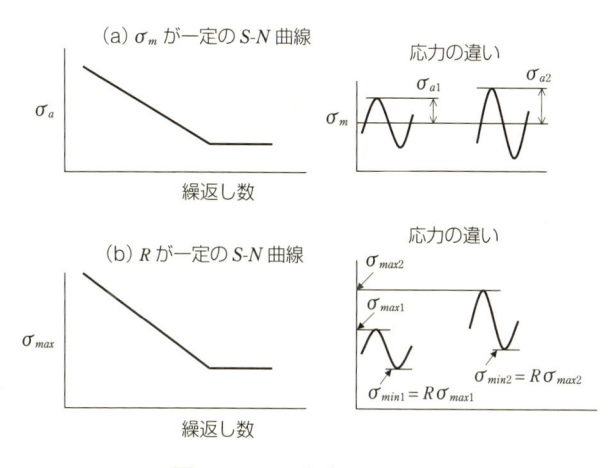

図 5.4 *S-N* 曲線の読み方

5.3 疲労限度線

S-N 曲線を，平均応力 σ_m を一定にした条件で求めるとき，σ_m をいろいろな値に変えると，結果も違ってきます．疲労限度の応力振幅 σ_a は，σ_m が大きくなるほど小さくなるのです．その関係を表すのに，疲労限度線というものを考えます．これは，機械や装置の設計になくてはならないものです．

引っ張るほど弱い

σ_m を大きくするということは平均的に引っ張ることですから,疲労限度は引っ張るほど低下するということです.でも,それは疲労限度を振幅 σ_a で表した場合には,という条件です.グラフに書いてみると,図 5.5 のようになります.

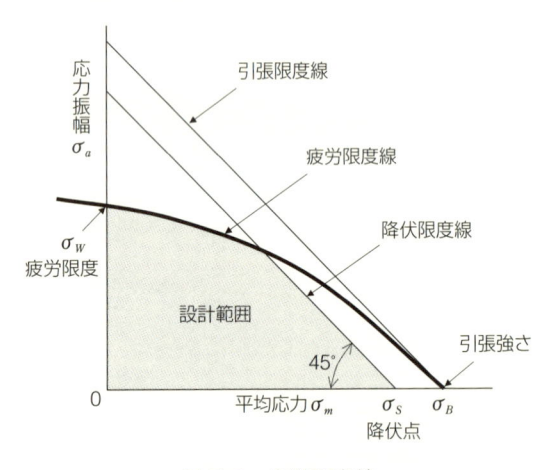

図 5.5 疲労限度線

今,横軸に平均応力 σ_m,縦軸に疲労限度の応力振幅 σ_a をとって,σ_m を変えたときの傾向を見ると,図の太線のようになります.平均応力 σ_m が 0 のときの疲労限度 σ_W は高いのですが,σ_m が大きくなるにつれて疲労限度は低くなり,横軸の σ_m が引張強さ σ_B に一致するところでは 0 になります.つまり,疲労ではなく,引っ張りで壊れるわけです.

引っ張りで壊れるのは,σ_a と σ_m の和が σ_B になるときですから,その条件は,図の引張限度線のようにたくさんあります.また,σ_a

5.3 疲労限度線

と σ_m の和が降伏点の応力 σ_s になると，塑性変形が起こります．普通の機械や構造物ではそれは許されないので，同じようにして降伏限度線も書いておきました．

平均応力の増加につれて，疲労限度が低下する傾向線を，**疲労限度線**と呼びます．設計で考える応力は，疲労限度線と降伏限度線の，両方の下側の範囲だけです．疲労破壊しないようにするためには，この範囲内の応力しか作用しないように設計することが大切です．

別の表現も

疲労限度線と同じ内容を表す，別の形式のグラフの書き方があり，図 5.6 がそれです．これは，平均応力 σ_m や応力比 R を変えた実験の結果を，平均応力に対する最大応力 σ_{max} と最小応力 σ_{min} の曲線として表したものです．この場合も降伏限度線が設計に使う応力の上

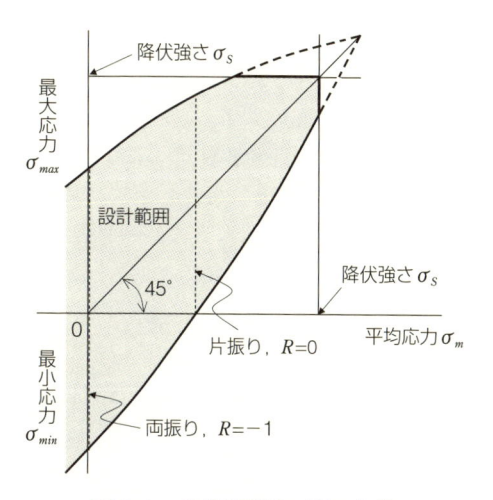

図 5.6 疲労限度線の別の表現

限を決めることになります．

実は，まだこのほかにもいくつかの表し方があります．例えば，縦軸に最大応力，横軸に最小応力をとる，などです．それはどうやら，機械，橋梁，船舶といった，専門の違う人たちがそれぞれ違う表現を使ってきたからのようです．その専門分野で，始めにそれを研究した先生がどれを使ったか，弟子たちはどのように教わってきたかによるのでしょうね．こういった伝統は，国や時代によっても違います．

なお，図 5.5 でいくつかの記号を紹介しましたが，平均応力 0 の疲労限度，つまり両振りの疲労限度を σ_W，引張強さを σ_B，降伏強さを σ_S と書きます．これらはドイツ語で，W は繰返し，B は破断，S は引張限界（それ以上は塑性変形のため使えない）の頭文字です．日本に材料の強さについて教えてくれた国は，初めはドイツだったのですね．

こういった記号の使い方も，時代や国によって少し違います．脱線ついでに，つけ加えておくと，フランスでは引張強さの記号は R です．R はレジスタンスの頭文字で，強さという意味です．第 2 次世界戦争のとき，フランスは労働者などによるレジスタンス活動によって，ドイツ軍に抵抗したことでも有名です．レジスタンスとは，そうした抵抗活動だけではなく，本来は強さを表しているのです．もっとも強さとは，外力に対する抵抗力である，ともいえますが．

グッドマンの提案

疲労限度線を求めるためには，いくつかの S-N 曲線を求める必要があります．1 本の S-N 曲線を求めるのに，10 個の試験をしなければならないとすると，全体としては大変な数の試験になります．これにはコストも時間もかかるので，もっと手軽に安全な設計を行う

5.3 疲労限度線

方法を考えた人がいます．

図 5.7 は，グッドマン (J. Goodman) の提案によるものです．この図は，平均応力 0 の両振り疲労限度 σ_W を求めさえすればよい，というものです．図のように σ_W と引張強さ σ_B を結んだ直線を，疲労限度線の代わりにするのです．σ_B は普通，材料メーカが調べた結果を報告してくれます．提案者の名前のとおり，なかなか簡単でわかりやすい提案なので，これは皆が歓迎して広く使っています．この直線を**修正グッドマン線**と呼びます．

この線は，図 5.5 の実験から求めた疲労限度線と比べると，少し下側になるので，材料の使い方としてはやや損です．同じ σ_m の値に対し，図 5.5 で許される σ_a より，図 5.7 では小さな σ_a になることが多いからです．しかし，普通の材料では，これで設計すれば十分に安全ですし，実験をして図 5.5 の曲線を求めるほうが大変だからです．けれども，修正グッドマン線はあくまでも仮定に基づく推定ですか

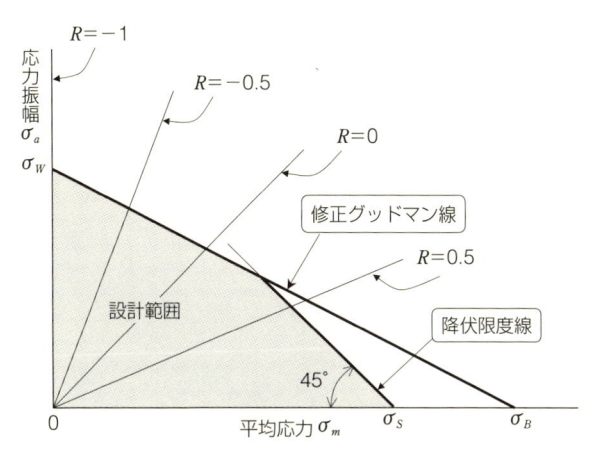

図 5.7 修正グッドマン線

ら，もし実験値があるなら，それを使うべきでしょう．

なお，グッドマンは始め，σ_B の 1/3 を縦軸にとり，横軸の σ_B との間を直線で結んでいました．しかし別の偉い先生から意見があり，縦軸の値を実験値 σ_W とするように修正したのです．それで，この線を修正グッドマン線といいます．

偉い先生の意見は聞くものですね．当時の材料は，σ_W が $0.3\sigma_B$ を少し上回るくらいでしたが，現在は，ほぼ $0.5\sigma_B$ が普通です．この割合 σ_W/σ_B は，材料の種類によって変わります．JIS の機械用の鋼について詳しくみると，0.52 〜 0.55 くらいです．しかし，最近の研究によると，0.67 までいった例もあるようですから，今後も変わっていくかもしれません．

5.4 変動応力による疲労

実際の機械や装置などでは，繰返し応力の波の形が複雑に変化することも少なくありません．図 5.8 は，そのような複雑に変化する応力の例です．普通は同図 (a) のような，なめらかな波が多いのですが，振幅や平均値は一定ではありません．機械や装置によっては，(b) のように角ばった波や，(c) のように速さの違う波が混ざることもあります．また，回転する装置などでは，(d) のように小さな波が大きいうねりに乗って作用することもあります．

繰返し応力の中でも，このように平均値や振幅，繰返し速度などがさまざまに変動するものを**変動応力**と呼びます．ところが S-N 曲線を求める試験は，一定振幅の応力の繰返しです．この食い違いをどのようにして設計に組み入れているか，一つの例をおはなししましょう．

5.4 変動応力による疲労

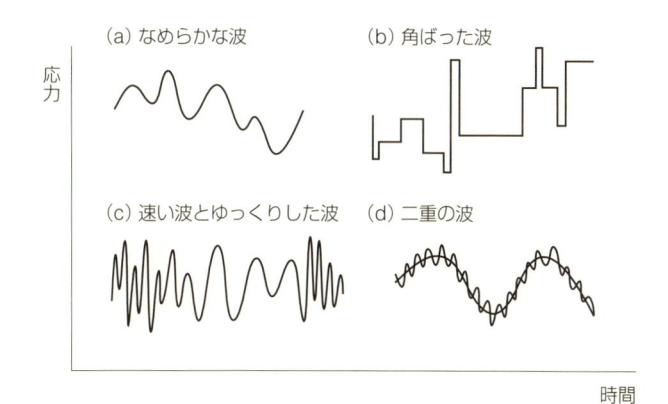

図中ラベル:
(a) なめらかな波
(b) 角ばった波
(c) 速い波とゆっくりした波
(d) 二重の波
縦軸: 応力
横軸: 時間

図 5.8 変動応力の例

寿命の消耗率

疲労寿命は，作用応力によって違います．図 5.9 を見てください．応力 σ_1 では寿命 N_1，応力 σ_2 では寿命 N_2，…としましょう．今，応力 σ_1 で 1 サイクルの繰返しを加えたとすると，材料の寿命は $1/N_1$ だけ減ると考えます．材料の使い始めの 1 サイクルと寿命の終わりごろの 1 サイクルは，本当は同じ内容ではないでしょうが，とにかく $1/N_1$ を寿命の消耗分とします．そうすると，N_1 サイクルでは，$(1/N_1) \times N_1 = 1$ になります．つまり，消耗分の合計が 1 になったところが寿命というわけです．

応力 σ_2 でも同様に考えられます．ポイントは，1 サイクル当たりの寿命の消耗率を考えるという点です．応力 σ_2 では，$1/N_2$ ですね．

ここで，図のように，応力 σ_1 が n_1 サイクル，応力 σ_2 が n_2 サイクル，…というように混ざって作用したとします．そのときの寿命の消耗率は，式 (5.4) ようになるでしょう．

第5話　疲労を考えた設計

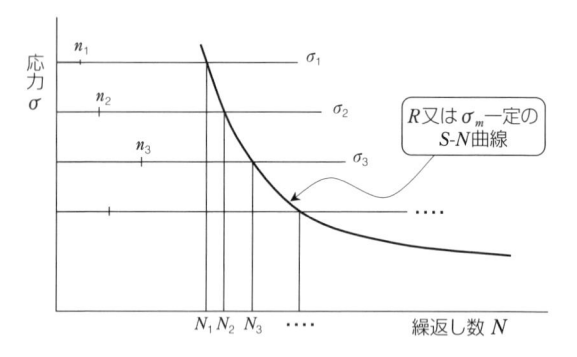

図5.9 寿命消耗率の考え方

$$D = \frac{n_1}{N_1} + \frac{n_2}{N_2} + \frac{n_3}{N_3} + \cdots \tag{5.4}$$

D は英語のダメージの頭文字で，損傷とか被害の意味です．材料は新しいときにはもちろん $D=0$ ですが，いろいろな応力 σ_1, σ_2, σ_3, …をそれぞれ n_1, n_2, n_3, …サイクルずつ作用させると，上の式(5.4)のように，被害がたまっていくと考えられます．そして，合計として，D がある値になったときが寿命だと考えるのです．

このように考えたのはマイナー(M. A. Miner)という人ですが，実は D の値は，いつも1になったときに寿命だとは限らないのです．その理由はいくつかあります．まず疲労限度以下の低い応力サイクルは，実験でも確かに寿命消耗に関係しているのですが，その程度は，直前に作用した応力サイクルの大きさによって変わり，一定ではないのです．また，疲労限度以下のどこまで低い応力サイクルが関係するのかもはっきりしません．

このようなあいまいな点もありますが，今のところ，ほかによい

考えもないため，このマイナーの考え方が広く使われています．ただし D の値は，同じ種類の機械や装置の過去の実績から，いくらくらいの値なら安全に使えたのかという経験に基づいて決めていることが多いようです．ですから D の値は，その会社の製品に関する大切な秘密として，公表されることはまずありません．

5.5 サイクルの計測

それでは，実際の機械や構造物などに，どのような変動応力が作用しているかは，どうやって調べるのでしょう．この問題も永く技術者たちを悩ませてきた問題です．しかし，遠藤達雄によるアイディアがこの問題を解決しました[11]．それは，レインフロー法という名前で知られ，世界的に広く使われています．

応力-ひずみループ

まず，変動応力の1サイクルとはどういう意味をもつものか，もう少し詳しく考えてみます．図5.10Ⓐは，変動応力の波の一部です．横軸に時間をとってあります．応力は，0, 1, 2, …と，大小の値をとりながら変動しますが，そのときⒷのように，横軸にひずみをとってその変動を考えます．今，何サイクルかをまとめて考えると，最大，最小といっても，いろいろな値が出てきます．ここでは，極大値，極小値と呼ぶことにしましょう．

応力がそれほど大きくない範囲では，応力とひずみはほぼ比例します．もし，サイクルごとに，少しは塑性ひずみが起こるとして，

---

[11] 遠藤達雄ほか(1967)：変動応力を受ける材料の疲れ（第1, 2報），日本機械学会講演論文集，No.185, p.41

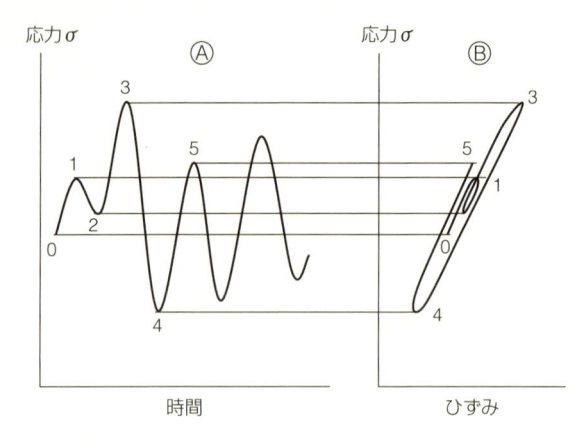

図 5.10 変動応力による応力−ひずみループ

誇張した絵を描いてみると，Ⓑのようになるでしょう．そうすると，0〜5の間で，応力とひずみの関係は二つのループを描くことになります．

ループというのは，針金やひもなどの輪のことですが，ここでは**応力−ひずみループ**を簡単にループと呼びましょう．この図では，3と4の間に大きいループ，また1と2の間にも小さいループがありますね．大きいループの大きさは応力幅$\sigma_3-\sigma_4$で，小さいループのほうは応力幅$\sigma_1-\sigma_2$で表すことができます．

疲労は第3話で説明したように，結晶内ですべり変形が正・逆に繰り返し起こることから始まります．それは，一つの応力−ひずみループに対応しているのです．1サイクル当たりの寿命消耗率の大きさは，すべりの大きさ，つまりループの大きさによります．例えば，3−4間のループによる寿命消耗率は，極大値3と極小値4の間の応力幅，$\sigma_3-\sigma_4$で表すことができます．それを一定の手順で求める方法をレインフロー法と呼ぶのです．

レインフロー法

図 5.11 を見てください．Ⓐ は，変動応力の波形を，時間軸を下向きにとって書いたものです．これを家の屋根の形に見たてると，その上に降った雨は，点線のように流れます．まず，一番上の屋根 0–1 の雨は，1 から下の屋根に落ち，1'–3 のように流れて 3 で下に落ちます．1 や 3 のような，突き出した端のところは，ひさし（庇）といいます．このように，応力の波形を雨の流れで考えるので，レインフローと呼ぶのです．

ひさし 3 からは，今度は逆向きの流れができて，3–4–4'–6 のように流れます．このような一つの流れの距離が，ループの大きさに対応していることが分かるでしょう．

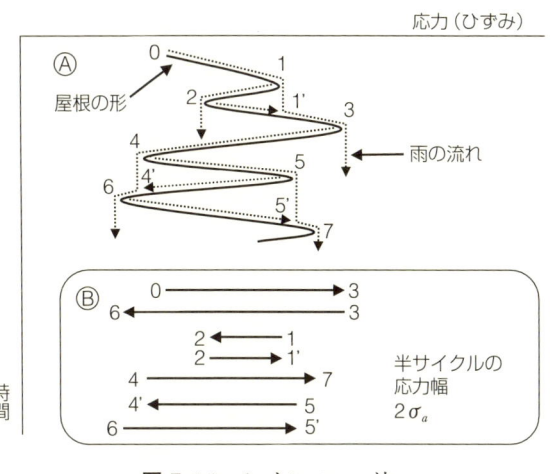

図 5.11 レインフロー法

このとき，次の三つのルールに従い，この優先順位で数えると，流れの長さが定義できるのです．

　　ルール1：ひさしから，下の屋根に落ちる雨水はそのまま下の
　　　　　　屋根を流れ続ける（例えば，1は3へ続く）
　　ルール2：ひさしから空中に落ちる流れは，それより下に短い
　　　　　　ひさしから落ちる流れがあれば，そこで終わりとす
　　　　　　る（例えば，3はここで終わる）
　　ルール3：屋根の上の流れは，上のひさしから落ちるしずくに
　　　　　　あたるところで終わりにする（例えば，2からの流
　　　　　　れは1'で終わる）

　図5.11の変動応力について，数えられる流れは全部で7本あり，それぞれの流れの長さを線で示したのが⑧です．この線は，実はループの片側にしか相当していません．それでも，このような線の1本が，半サイクル分の寿命消耗率を決めているわけです．ですから，結局はマイナーの提案したダメージDを計算できます．

　この考え方は，実際の機械などに作用する複雑な変動応力の波をコンピュータで解析して，どのような大きさの応力-ひずみループが何回作用したかを調べるのに適しているため，世界的に広く使われています．

実物の疲労試験

　図5.12は，鉄道の車軸に作用する変動応力の調査結果[12]を参考にして，ここでの説明用に作ったものです．

　これは，列車が100 kmの区間を走ったときに，どのような大きさの応力の変化幅が，何回くらい作用するかを表しています．図か

---

[12] 文献2），p.50

ら，レベル4の応力幅が最も多く作用したことが分かりますね．このデータからダメージを計算すると，100 km当たりの寿命消耗率を推定できます．もしそれが0.0001くらいだとすると，この列車は100 kmの1万倍，つまり100万 kmは走れそうだと考えるのです．

このように，実際の機械や装置には，設計で考えた応力より大きい応力や小さい応力がいろいろな割合で作用します．そこで，このような測定を行うことが重要になります．そのため，ひずみゲージという，10 mmくらいの小さなセンサを問題の部分にはり付けて，機械や装置が実際に動いている状態でのひずみをコンピュータに記録するのです．

現在では，自動車や航空機などをはじめ，多くの機械や構造物で，このような測定を行っています．また，疲労試験機をコンピュータでコントロールして，記録した変動応力のとおりに疲労試験を行うことも多くなりましたが，そのときにも，必ずレインフロー法で解析して，設計がよかったかどうかをチェックするのです．

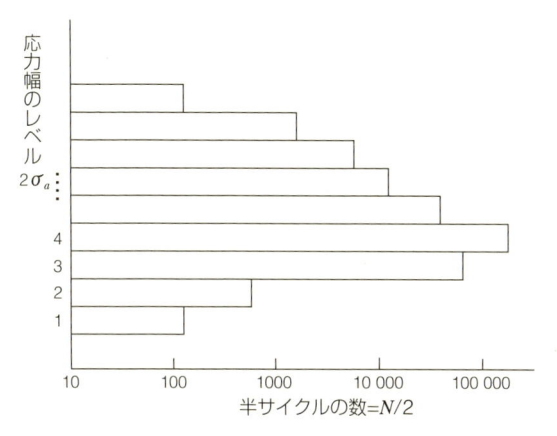

図 5.12 変動応力の大きさを計測した例

━━━━━━━━━━━━━━━━━━━━━━━━━━━━━━━━━━/まとめ/━━━

疲労しないための設計

　疲労するかもしれない機械や構造物の設計には，ここでおはなししたように，疲労しないように設計することが基本になります．そのためには次のことが重要です．考える対象を鉄道の車軸のような，ある部品として，整理しておきましょう．

- 出発点として，部品の使用環境，使用頻度，安全重視の程度などが明らかなことが重要．
- 部品に作用する力の性質，大きさ，もし大小に変動するなら，その頻度分布などが明らかなこと．
- 部品の使用環境や重要度に応じ，材料の種類を選ぶ．長期使用品では，将来の入手性も重要．
- 材料の強度特性が明らかで，引っ張り，ねじり，応力比，応力集中など，該当する S-N 曲線や疲労限度線があるとよい．
- 適切なデータがないときは，修正グッドマン線を用いて，必要データを推定する．ただし，必ず安全率を見込む．
- 作用応力の変動があるときは，マイナー則によって寿命を予測する．重要部品で応力変動が明らかでないときは，レインフロー法によって頻度分布を調べる．

　なお本文には，はっきり書きませんでしたが，このように**疲労を起こさないようにする設計**のほかに，**疲労を認める設計**もあるのです．疲労を認める設計とは，ある程度の割れが入っても十分安全なように設計するもので，それを定期検査により絶えずチェックすることを前提とするものです．これは点検などのコストはかかりますが，機械としては軽量に作りやすく，高性能化しやすい利点があります．この問題は，第 8 話で詳しくおはなししましょう．

第**6**話

疲労に対抗する材料技術

　疲労を起こしにくい金属材料はあるのでしょうか．もちろんあります．しかし，それは普通，高価で加工しにくく，製品を作るのに手間がかかり，結果としていっそう高価につくことが多いのです．それではどのようにすれば，より経済的な材料で，疲労に強い機械や構造物を作ることができるのか．それは技術者に与えられた大きな課題です．この問題について，いったいどんな工夫をしているのか，それをおはなししましょう．

6.1　強い材料は疲労にも強い

　当たり前のようですが，硬く，引張強さの高い材料は，疲労にも強いのです．しかしそれは，硬く強い材料ほどよいということではありません．硬く強い材料の中には，もろい性質をもつものが多いのですが，もろい材料は小さな割れからでも，全体の破壊を起こしやすいのです．むしろ，ある程度は硬さが低くても，強じんで割れにくいほうが，材料としては信頼できます．

　図 6.1 を見てください．これは，機械構造などに用いる JIS の代表的な鋼材について，非常に多くの実験を行って調べた結果の一部です[13]．図 6.1 には 400 を超えるデータを示してありますが，それ

---
13) 西島敏ほか (1989)：JIS 機械構造用鋼の基準的疲労特性，金属技研疲労データシート資料，p.161

それが一つの S-N 曲線に相当しています．

これによると，鋼の種類ごとに多少の傾向の違いはありますが，ほぼ，疲労限度は引張強さに比例していますね．ほとんどのデータは，勾配 0.45 と 0.6 の線の間にありますから，大まかには，引張強さの半分が両振りの疲労限度（振幅）だと考えてよいわけです．

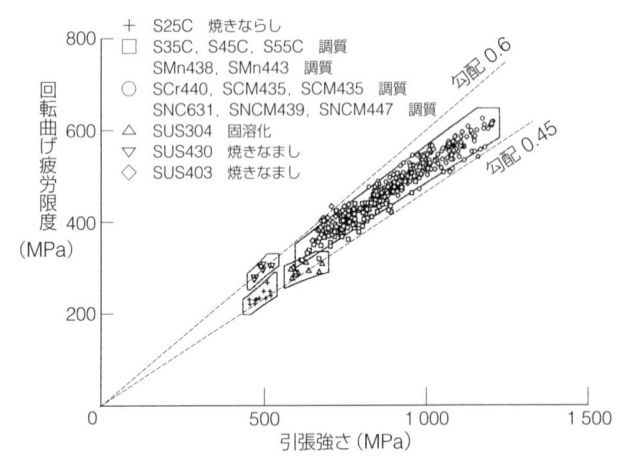

図 6.1 JIS 鉄鋼材料の疲労強度

つまり，第 4 話でも説明しましたが，疲労を起こしにくくするためには，引っぱり強さの高い材料を使えばよいわけです．強い材料は，それだけ結晶内にすべり変形が起こりにくく，ミクロ割れの発生が起こりにくいことを考えると，このような傾向は納得できます．

しかし図のデータは，かなりばらついています．図のデータを囲った枠は，同じグループの材料について統計的に確からしい範囲を示したものですが，グループごとに少し違っています．それは，実は結晶の大きさが違うとか，結晶内の原子の並び方が違うとか，鋼

が含んでいる炭化物などの大きさや形が違うとか，そういったミクロな性質の違いに対応しています．

金属材料の疲労強度は，基本的には引張強さに比例する傾向がありますが，その上，材料グループごとに少し違う性質ももっているのです．これは，鋼以外のアルミニウム合金やチタン合金などでも同じことです．ただ，鋼以外の材料では，両振り疲労限度は引張強さの半分ではなく，1/3くらいのこともありますから注意してください．

強いことがよいとばかり限らない

ところで，強い材料がよいとばかりはいえないのです．強い材料は，鋼の中にニッケルやモリブデンなどの別の元素を混ぜて作るため，どうしても値段が高くなります．また，強い材料は部品などに加工するときに，硬くて削りにくく，生産の能率を上げることがむずかしくなります．

例えば，自動車のボディを考えてみてください．ボディの外板は，鋼板を大きなプレス機で切り抜いたり，曲げたりして作ります．そのときに鋼板が強すぎると，非常に大きな力のプレス機がいるわけですし，切り抜き装置がすぐ切れなくなったりして具合が悪いのです．材料は弱すぎるのはだめですが，強すぎてもかえって困ることが多いのです．

この問題は，3.4節でもおはなししたように，延性とぜい性のバランスをとることがむずかしい，という悩みと似ています．材料を硬く強くすると，もろく割れやすくなる傾向がありますが，割れにくいように延性を高めると，強さは低くなってしまうという，あの問題ですね．ここでは，製品のコストを下げ，生産性を高めるという面からみると，強い材料は不利なのですが，一方で製品の強度は

高くなくてはなりません．ところが，こうした矛盾する要求を満たす方法があるのです．

ベークハードニング

そこで，自動車のボディを作るときには，強度のあまり高くない鋼板をプレス機にかけて成形しますが，それを組み合わせてできあがったボディを，後で強くすることが行われるようになりました．ボディは，塗装した後，170℃前後に加熱して乾燥し，表面の塗料の膜を硬く丈夫にするのですが，その熱を利用して，強度がぐっと上がるような鋼板を使うようにしたのです．その原理は，次のようなものです（図6.2）．

プレスで加工するときには，結晶の中に転位がたくさんできますが，転位というのは，いわば，鉄原子の配列にできたすきまでしたね．その転位を，鋼の中にある炭素原子によって動かないように固めてしまうのです．

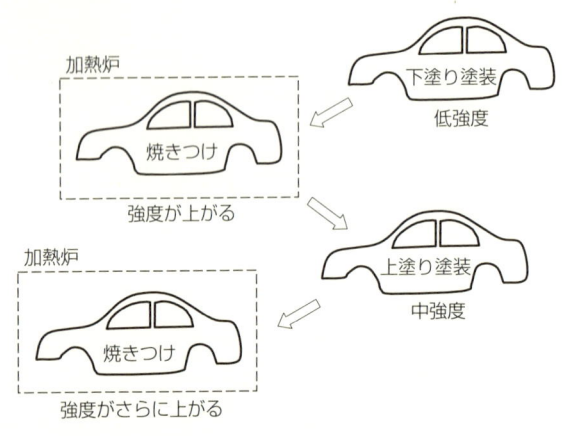

図6.2 焼いて強くするベークハードニング

炭素原子はもともと，鋼にはほとんど必ず含まれていますが，鉄原子よりずっと小さいので，鉄原子の間を動きやすいのです．しかも温度が上がると，いっそう動きやすくなり，転位のところに吸い寄せられるのです．転位が動かなければ，塑性変形は起こりません．それはいいかえれば，降伏点が上がることです．つまり，強度が高くなり，疲労強度も上がるのです．この方法を**ベークハードニング**（bake hardening：焼いて硬くする）と呼び，疲労強度を高める技術の一つです．

大昔から，人は土器を焼いたり，人形を焼いたりしてきましたが，今でも，瓦や茶わんなど，生活になくてはならないものを焼いて作っています．すべて軟らかいうちに形を作っておき，焼いて硬くするのです．土を焼いて硬くするのと原理は違うのですが，でも，自動車まで焼いて硬くするなんて，面白いですね．

6.2　浸炭による鋼の強化

始めはそれほど強くなくて加工しやすい材料を，部品の形に仕上げた後で，疲労強度を高める方法は，いろいろ研究されてきました．浸炭は，その一つの方法で，鋼の強度を高める代表的な方法です．

鋼は，**焼入れ**によって硬く強くなります．焼き入れというのは，鋼をだいたい 900 ℃前後まで加熱しておいて，水や油の中に入れ，急速に冷やすことです．このようにすることで，鋼は硬くなりますが，同時にもろさも増すため，数百℃に加熱して硬さを下げ，もろさを打ち消すようにします．これを，**焼戻し**といいます．焼入れ，焼戻しは，例えば日本刀をきたえる重要な工程として，昔から行われてきました．

ところで，鋼が焼入れによって硬くなる程度は，鋼の中に含んで

いる炭素の割合によって違ってきます．炭素が0.8％くらいあると非常に硬くなりますが，0.2％以下の鋼はほとんど硬くなりません．いわゆる，"焼きが入らない"のです．このことに注目して開発されたのが，浸炭焼入れによる鋼の強化法です．

浸炭焼入れ

浸炭というのは，文字どおり，鋼に炭素をしみこませる方法で，以前は炭の中に部品を埋めて焼いていました．しかし，炭では能率が悪いので，一酸化炭素(CO)を含んだガスの中で，高温に加熱して浸炭することが多くなりました．COの濃度や温度と時間をうまく選ぶと，鋼の表面から一定の深さまで，炭素をしみこませることができます．普通，この深さは0.3〜1mmくらいです．1mmの浸炭に10時間近くかかりますから，それ以上の浸炭はめったにやりません．

図6.3は，鋼の丸棒に浸炭処理をして，それを焼入れしたものの断面写真です．図で黒ずんで見える表面近くの部分は，炭素が多いので，非常に硬くなっています．これに対し，明るく見える内部のほうは，硬くなりません．材料内部の硬さについて，だいたいの傾

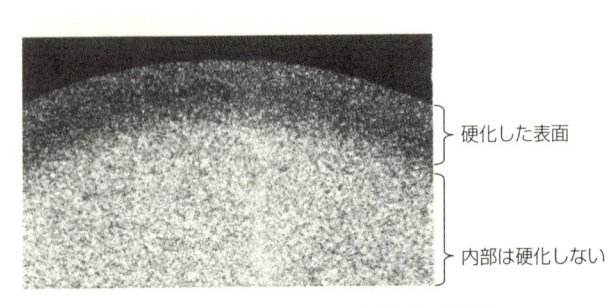

図6.3 浸炭焼入れした材料の断面

向を示すと図 6.4 のようになります．縦軸は鋼の硬さを，横軸は鋼の表面から内部への深さを表しています．

これまでにも説明しましたが，材料の表面層を強化すると，表面層にすべりが起こりにくくなりますから，ミクロき裂の発生を防ぐのに大きな効果があります．つまり，浸炭焼入れは，まず，疲労き裂の発生をおさえるのに役立ちます．

浸炭焼入れした表面の硬さは，例えば金属を削るのに用いるカッターに近い硬さになりますから，もう機械加工はほとんどできません．つまり，始め材料の軟らかい状態のときに，必要な部品の形に作っておき，その後に浸炭するのです．部品は，CO ガスを閉じ込めた炉に入れるため，大きなものには，浸炭焼入れは不向きです．浸炭焼入れ後は，砥石で研磨して仕上げます．

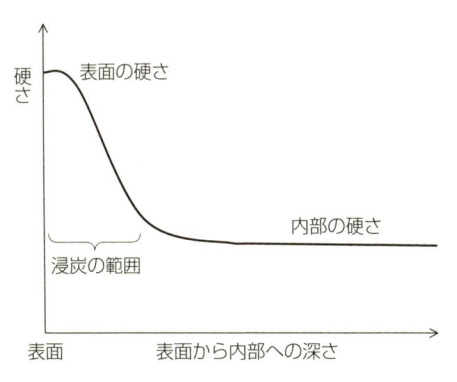

図 6.4 浸炭焼入れ後の内部の硬さ

焼き入れるとふくらむ

もう一つ，重要なことがあります．それは，鋼を焼き入れると体積が増えるということです．増えるといっても，硬くなった部分だけが，わずか 2 % 前後ふくらむだけなのですが，実はこれがとても

重要な意味をもっているのです．第2話の中で，温度変化による応力の発生，ということをおはなししましたね．それと同じようなことが起こるのです．

　説明を簡単にするため，焼入れによって材料の長さだけが長くなるとしましょう（図6.5）．長くなるのは炭素の高い(a)の表面部分だけで，これを材料の皮としますと，(b)の中身は焼きが入らないので長さは変わりません．しかし，(c)のように中身と皮は一体ですから，皮は押し縮められることになります．皮はとても硬いので，強い圧縮応力を受けても塑性変形しません．結局，皮の中には強い圧縮応力が残るのです．

　このように，外から力をかけなくても，材料内部に働いている応力を，**残留応力**といいます．浸炭焼き入れによる残留応力は，材料表面で圧縮になっていることが大きな特長です．材料内部の残留応力を調べてみると，図6.6のようになっています．

(a) 皮　焼入れによりできた硬い皮（少し長い）

(b) 中身　内部は焼きが入らず，あまり変化しない

(c) 皮＋中身　一体なので皮は押し縮められる

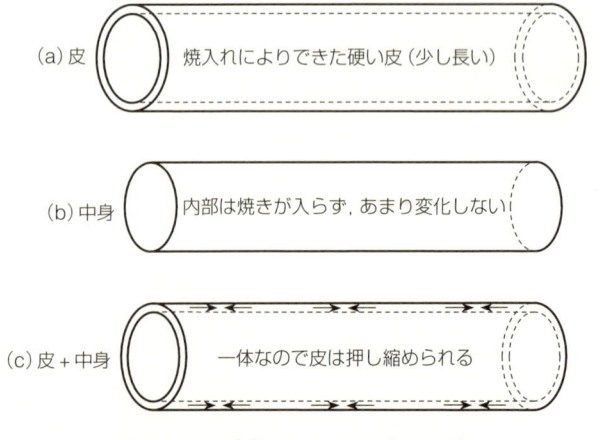

図6.5　浸炭焼入れによる皮の圧縮

6.2 浸炭による鋼の強化

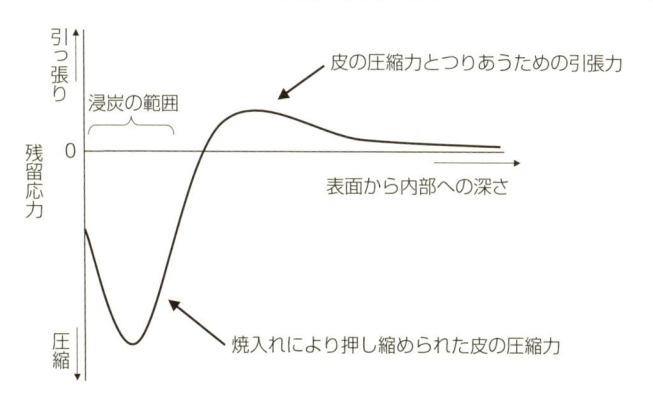

図 6.6 浸炭焼入れによる残留応力

　圧縮応力ができている皮の範囲は，ほぼ浸炭した範囲です．それより内側の浸炭していないところに，皮の圧縮力とつりあうため，少し引っぱりになっている部分ができます．一番表面側は，圧縮応力がそれほど大きくなっていませんが，その一つの理由は，材料が外に向かってふくらみ，長さ変化が小さくなるためです．

　このように，表面にいつも圧縮が働いていると，もし表面に割れがあったとしても，表面にそれ以上の引張力が働かない限り，割れがそれ以上に大きくなることはありません．つまり，浸炭焼き入れによる圧縮の残留応力もまた，疲労破壊を防ぐのに大きな役割を果たします．

疲労強度は 2 倍にも

　この結果，材料の疲労強度は大きく増加します．この増加の程度は，鋼の種類などによって違いますが，浸炭をしないで同じ焼入れをしたときに比べ，1.3～2 倍にもなります（図 6.7）．

　しかし，強化できるのは材料の表面だけなのですから，疲労強度

が高くなるのは，主に曲げやねじりによる疲労だけです．引っ張りによる疲労では，たいていは内部の軟らかい部分から破壊しますので，浸炭焼入れはほとんど効果がないのです．とはいっても，機械部品には，曲げやねじりの力を受けて疲労するものが非常に多いので，浸炭焼入れは多くのいろいろな部品に使われています．

例えば，自動車などを走らせるのに使われている歯車は，ほとんどすべてが浸炭焼入れ歯車です（図6.8）．歯車の歯一つに注目してみると，力を伝える歯車の歯は，それぞれ曲げの力を受けることが分かりますね．また，歯車の表面は，浸炭焼入れによって非常に硬くなっているので，磨耗にも強くなります．歯車は，複雑な形に作らなければならないため，加工のときには軟らかい材料でなければなりません．つまり，浸炭焼入れによる強化は，歯車には最適なのです．

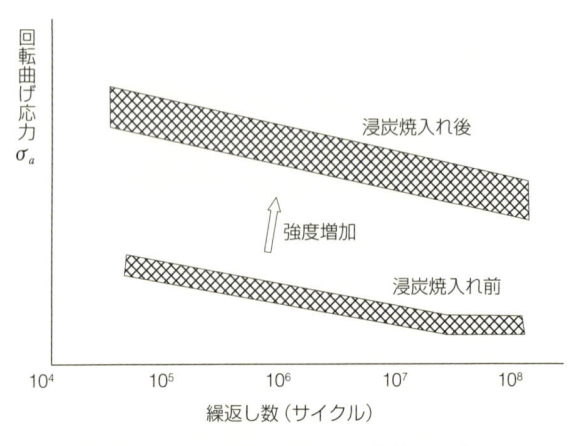

図 6.7 浸炭焼入れによる疲労の強化

6.2 浸炭による鋼の強化

図中ラベル: 軸穴／回される歯車／回す歯車／押す力／歯は曲げ力を受ける／軸穴／浸炭焼入れにより硬化した部分

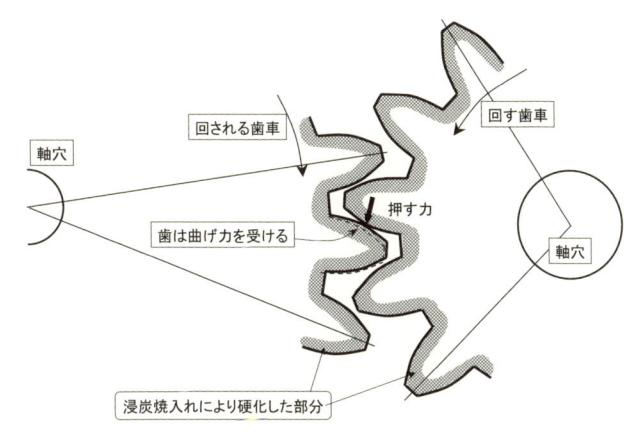

図 6.8 歯車の歯は曲げの力を受ける

鋼の肌を焼く

浸炭焼入れでは，表面を硬く強くすることと，表面に圧縮の残留応力を作ることが重要です．そのような効果を際立たせるため，浸炭焼入れには，炭素の少ない，焼きの入りにくい鋼を使います．つまり，表面は炭素をしみ込ませるので硬くなるのですが，中の材料はむしろ硬くならない，もろさのない材料のほうがよいからです．また，中の材料には焼きが入らないほうが，体積膨張が少なく，表面の圧縮残留応力が大きくなりやすいからです．

浸炭焼入れに使う材料は，JISでもいろいろな種類を決めていますが，それらを**肌焼き鋼**と呼びます．肌だけを焼入れるという意味でしょうが，人が日光浴で日焼けするみたいですね．日光浴は健康によいといいますが，歯車なども肌を焼いて，強くなっているといえるでしょう．

浸炭焼入れは，日光浴より料理を作るのと似ているという人がい

ます。うどんやそばは、ゆでた後、冷水にさらして引き締め、こしの強い歯ごたえにしますね。これが焼入れです。また、おでんの大根をはじめ、硬いすじ肉でもじっくり煮こんで味をしみ込ませ、おいしくします。鋼もじっくり加熱すれば、炭素がしみ込むのです。少しこじつけのようですが、似ているところもありますね。

6.3 表面焼入れ

浸炭焼入れと似ていますが、もっと手軽な方法もあります。それは、鋼の表面だけを加熱して、焼き入れる方法です。これは、焼入れで硬くするため、始めから0.3％以上の炭素を含んでいる鋼を使います。しかし、表面だけを硬く強くして、中のほうはそのままにしておきたいので、あまり炭素を多く含む鋼は使いません。これを、まず、作ろうとする部品の形に曲げたり、削ったりして、仕上げておくのです。

部品の表面だけを加熱するのには、できるだけ短時間で急加熱しなければなりません。ゆっくり熱したのでは、部品の内部まで温度が上がってしまい、表面だけの焼入れにならないからです。急速加熱する方法はいろいろありますが、高周波電流を利用するのが普通です。

例えば、図6.9のように鋼材をコイルの中に入れ、コイルに交流の電流を流すと、コイル内にはS，Nの向きが変化する磁場ができます。材料には、磁場が変化する影響で交流の電流が流れるのですが、それは材料の表面に限られるのです。しかも、コイルに流す交流の周波数を高くすると、電流が流れるのはごく表面だけになります。この電流で、鋼材の表面だけを加熱するのです。

この方法は、高周波誘導加熱といいますが、コイルに強い電流を

6.3 表面焼入れ

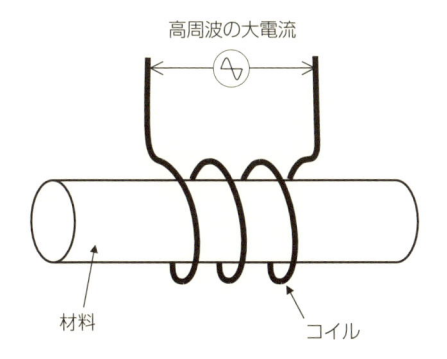

高周波の大電流

材料　**コイル**

図 6.9 高周波電流による急加熱

流せば，鋼材の表面だけを数秒から十数秒で1 000℃くらいにまで加熱することができます．そこで，材料をコイルから取り出し，水ジェットを噴射して急冷するのです．高周波電流の強さと周波数，それに時間を調節すれば，必要な深さまで焼入れをすることができます．これによって表面だけを硬く強くし，合わせて表面に圧縮の残留応力を作ることができます．

これは，炉を使うわけではないので，ある程度大きな部品にも使うことができます．図 6.10 は，新幹線の車軸などに高周波焼入れをしている例です．新幹線の車軸は，長さが2 mもある上に，特に疲労に注意しなければならないのは，車輪をはめてある部分など，一部分だけなのです．そのようなときには，部分的に焼きを入れる高周波誘導加熱が最も適しています．図の網目をつけた部分がそれです．これによって疲労強度を大きく改善することができるのです．

表面の急速加熱は，高周波以外にも，例えば強いレーザ光線を照射しても可能です．ただしレーザは普通，一点に集中して当たりま

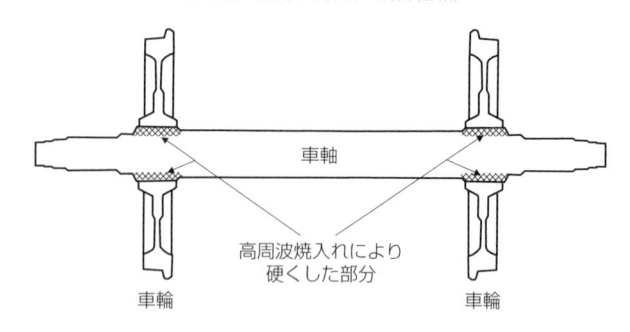

図 6.10 鉄道車軸の高周波焼入れ

すので，レーザの光源を制御して，照射する点をすばやく動かし，必要な範囲をむらなく加熱することが必要になります．また，プラズマといって，高圧の放電を利用した高温のガスを吹きつける方法なども研究されています．

6.4 ショットピーニング

もう一つ，面白い方法を紹介しましょう．それはショットピーニング（shot peening）と呼ぶ方法です．図 6.11 は，その原理を説明したものです．ショットというのは弾丸のことですが，ここでは 1 mm 前後の硬い丸い粒をさします．疲労強度を高めるためには，最終形状に仕上げた部品の表面に，多数のショットをぶつけるのです．部品の表面には当然小さなくぼみがたくさんできて，少しざらざらになります．くぼみができるということは塑性変形が起こっているわけで，そうすると表面部分は硬くなるのです．

第 2 話の中で，降伏点について説明しましたが，作用応力が降伏点を超えると，塑性変形が起こりますね．塑性変形をさらに大きく

硬い粒を打ち当てる

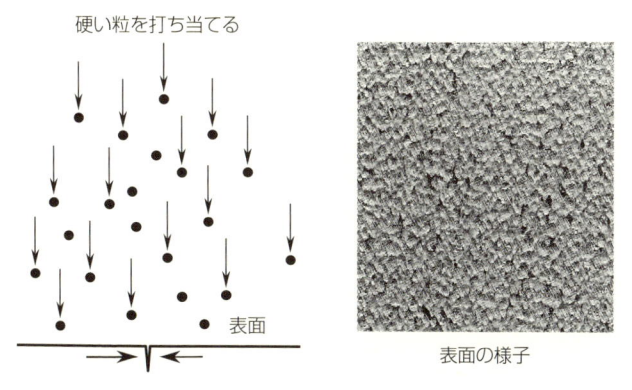

表面

表面の様子

表面は圧縮力を受けるため，割れがあっても進まない

図 6.11 ショットピーニングの原理

するためには，応力のほうもさらに大きくする必要があります．つまり，材料は塑性変形するに従い，次第に強くなっていくのです．これは針金を繰り返し大きく曲げていると，次第に硬くなって，同じところを曲げるのがむずかしくなることからも分かるでしょう．この現象を，**加工硬化**と呼びます．

　結局，ショットを表面に打ち当てることによって，表面を加工硬化させ，強く硬くすることができます．また，同時に表層の材料は内部に押し込まれるため，厚さが薄くなり，横に広がろうとします．しかし，表層と内部は一体ですから，表層の部分には，圧縮の残留応力ができるのです．これは，浸炭焼入れなどと同じ理屈ですね．

　図 6.12 は，ショットピーニング後により，材料内部に残留応力がどのようにできているかを示しています．浸炭焼入れの残留応力と似ていますが，この場合は材料を加熱したりしませんから，コスト的にはずっと有利です．

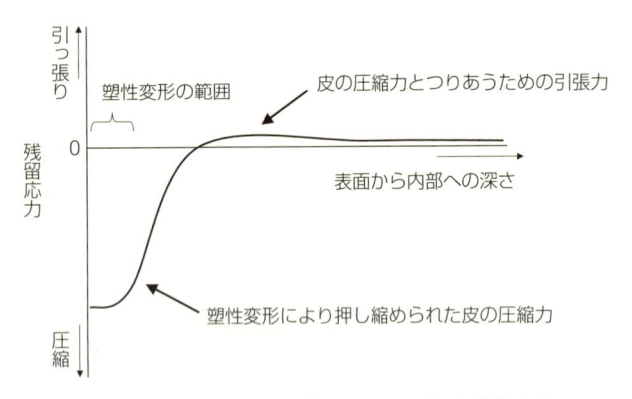

図 6.12 ショットピーニングによる残留応力

　なお，ショットは圧縮空気と一緒に吹きつけたり，遠心力を利用してぶつけたりします．遠心力の利用というのは，ちょうどロータリー式の除雪車のように，羽根車でショットを跳ね飛ばすのですが，これですと毎分1トンものショット粒を，ある程度広い範囲にザアザアと振りかけることもできます．つまり，大量の部品を一度に処理できるのです．圧縮残留応力の強さや深さは，ショット粒の大きさや打ち当てる強さと時間などによって調節します．

　ショットピーニングによる疲労強度の増加方法は，自動車のばねなどには，ほとんど必ず使われています．ばねは，ばね鋼という特殊な鋼で作るのですが，ショットピーニングによって疲労強度は1.5倍くらいに高くなります（図6.13）．そうなると，ショットピーニングをしないばねというのはとても考えられませんね．

6.4 ショットピーニング

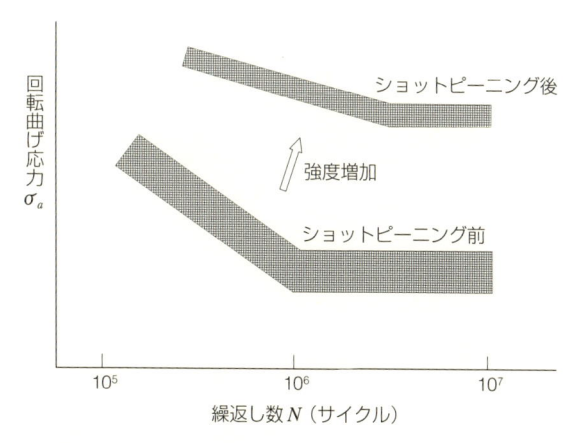

図 6.13 ショットピーニングによる疲労の強化

ドン・キホーテのよろい

ショットというのは弾丸だといいましたが、では、ピーニングとは何のことでしょうか。辞書を引くと、ピーンとは、ハンマの丸い頭のことをいう、と書いてあります。図 6.14 は、板金加工などに使うハンマの例ですが、たぶん見たことがある人もいるでしょう。これを使って、金とこの上で鉄や銅の板をコツコツたたいて、いろ

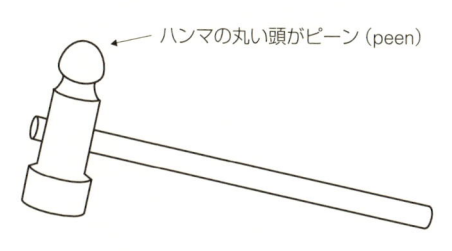

図 6.14 ピーニングとは

いろな形に仕上げるのです．この方法を**打出し**といいますが，アルミニウム合金の打出しなべや，銅合金の打出しのきゅうすなどはよく見かけますね．

　しかし，たぶん一番わかりやすいのは，中世の騎士が着た甲冑（かっちゅう）ではないでしょうか．ドン・キホーテのよろい，といえば分かりやすいかもしれません．これは鉄板をたたいて形に仕上げるのですが，その間に鉄は加工硬化して，非常に硬く強くなります．これがピーニングですね．中世の騎士は，ピーニングしたよろいを着て，決闘をしましたが，現代はピーニングしたばねのおかげで，自動車が安全に動いているわけです．

ピーニングの勝負だったのかもしれない

━━━━━━━━━━━━━━━━━━━━━━━━━━━━━━━ /まとめ/ ━━━━━

材料の疲労強度を高める方法

　ここまでの説明を整理してポイントをまとめると，次のようになるでしょう．

- 材料は強く硬いほうが疲労強度は高いが，硬すぎると加工できないので困る．
- 弱い材料を加工した後で強く硬くするには，表面の強化と圧縮残留応力を作るのがよい．
- 表面強化はミクロ割れ発生を防止し，圧縮残留応力は割れの拡大を防ぐ効果がある．
- 広く使われている処理方法としては，①浸炭焼入れ，②高周波焼入れ，③ショットピーニングがある．
- これらは材料の寸法形状，処理したいのは一部分か全体かの違い，必要な強度のレベルなどによって使い分ける．

　そして，三つの処理方法について，もう少し詳しい内容を説明しました．なぜ，このような処理が有効なのかを理解するためには，第3話と第4話が重要です．あまりはっきりしていない人は，後で読み返してみてください．

第7話

疲労によるき裂の成長

これまでミクロ割れということばで,疲労がどのように始まるかについて説明してきました.それは,結晶の中に起こる小さな割れで,とても目には見えない大きさのものでした.ここでは,もっと大きな,肉眼でも見える寸法のき裂について考えてみましょう.ミクロ割れと区別するために,大きい割れはき裂と呼ぶことにします.

7.1 ミクロ割れの成長

ミクロ割れは弱いもの

始めに,ミクロ割れがどのように成長するのかについて説明しておきましょう.ミクロ割れができた後も,繰返し応力が作用し続けると,ミクロ割れの端のところは応力集中のために活発にすべりが起こります.応力集中というのは,第4話で説明しましたが,切り欠きなどがあって,材料の断面形状が急に変わる箇所に高い応力が働くことでしたね.ミクロ割れは,自分自身が切り欠きとなり,自分で応力集中を起こしながら育っていこうとするのです.

ですから,もし図7.1のように結晶Ⓐにすべりが繰り返し起こり,ミクロ割れができたとすると,その両端には応力集中が働くため,隣の結晶Ⓑ,Ⓒとの境界のところまでは,そのまま大きくなります.しかし,結晶Ⓑ,Ⓒは向きが違うため,同じ方向にはすべ

128　　　　　　　　　　　　　　　第7話　疲労によるき裂の成長

```
  繰返し応力の方向
```

最大せん断応力の向き
（45°の方向）

ミクロ割れ

ミクロ割れは結晶粒界でくい止められる

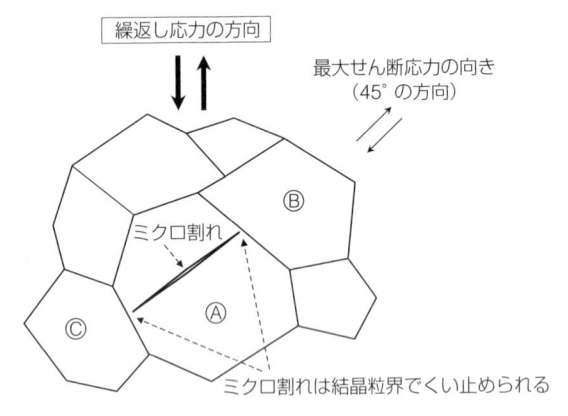

図 7.1　普通のミクロ割れは結晶境界まで

りにくいはずです．もしそこに十分なすべりが起こらなければ，ミクロ割れは結晶 Ⓐ の中で成長が止まり，それ以上大きくは育たないで終わります．そう，普通のミクロ割れはひ弱なものなのです．

ミクロ割れが育つには

ところが，もし結晶 Ⓑ や Ⓒ のすべりの向きが，Ⓐ とあまり大きく違っていなければ，そしてもし，十分な大きさの応力が作用すれば，図 7.2 のようにミクロ割れは，となりの結晶に侵入することができます．というよりも，結晶 Ⓑ や Ⓒ との境目で大きなひずみが繰り返されるため，そこから新しくミクロ割れが発生すると考えるほうがよいでしょう．

図 7.2 は，ミクロ割れが結晶ごとに向きを少し変えながら，成長していくイメージを描いてみたものです．ミクロ割れの進む方向は，力学的にせん断応力が最大になる，応力に対してほぼ 45° 傾いた方向に沿ったものになります．このようなことが起こるためには，結

7.1 ミクロ割れの成長

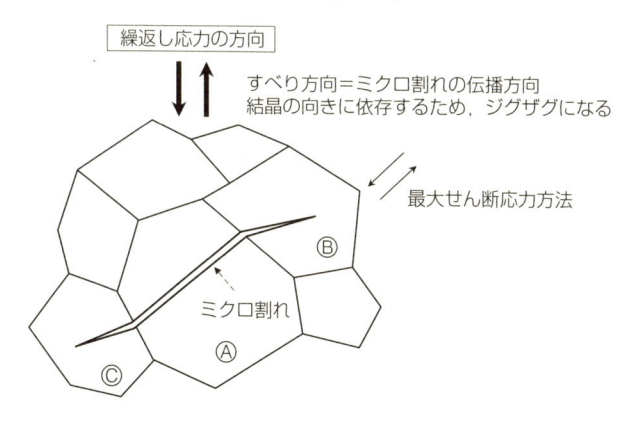

図中ラベル:
- 繰返し応力の方向
- すべり方向＝ミクロ割れの伝播方向
  結晶の向きに依存するため，ジグザグになる
- 最大せん断応力方法
- ミクロ割れ
- Ⓐ Ⓑ Ⓒ

図 7.2 運のよいミクロ割れが成長する

晶 Ⓑ や Ⓒ もある程度はすべりやすい，Ⓐ と近い性質をもつことが条件になります．ミクロ割れが，曲がりなりにも丈夫に育っていくためには，周りの結晶の協力がなくてはならないのです．

しかし，Ⓑ や Ⓒ の結晶の先にある結晶が，最大せん断応力の方向にはすべりにくい，非協力的な結晶だったとすると，ミクロ割れはやはりそこで成長が止まるでしょう．ある結晶のすぐ隣に性質の似た結晶が並んでいるチャンスは，そう二度も三度も続かないでしょうから，結局ミクロ割れのうち，結晶2～3個以上に成長することができる幸運なものは，ずっと少なくなるでしょう．

停留き裂

ミクロ割れは，実は疲労のごく初期にできるのです．例えば，表面をよくみがいた試験片を実験室で疲労させ，顕微鏡で詳しく調べてみると，試験片が破断する寿命の1/10というような早い段階で，1結晶粒程度のミクロ割れが見つかることがあります．

この問題を詳しく調べた研究者によると，結晶2〜3個程度のミクロ割れは，疲労限度より低い応力の繰返しでもできているといいます[14]．疲労限度というのは第5話で説明しましたが，それ以下では疲労破壊しないという応力の限界値でしたね．ミクロ割れは，疲労限度以下でもできてはいますが，応力を1 000万回加え続けても成長しないのです．成長しないので，材料は壊れることはありません．

このようなミクロ割れを，**停留き裂**と呼んでいます（図7.3）．停留というのは，バスの停留所のように短時間は止まるけれど，また動き出すというのでしょうか．しかし，ミクロ割れがあっても疲労破壊しないというのですから，動き出すというのでもなさそうです．

実は，停留き裂というのは，**ミクロき裂の端部に酸化が起こり**，そこに十分なひずみが発生しなくなることと関係があります．なぜ

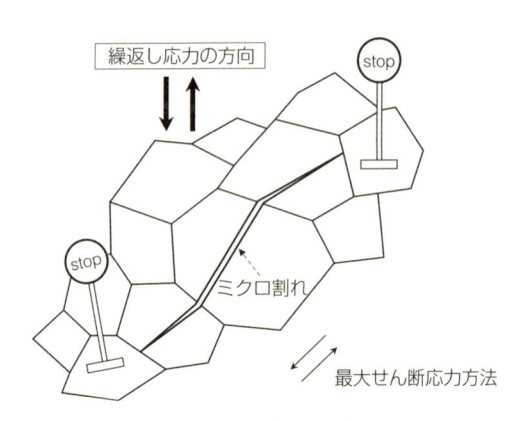

図 7.3 停留き裂

---

14) 西谷弘信編著（1985）：疲労強度学，総合理工学講座6，p.13，オーム社

酸化が起こるとひずみが発生しなくなるのかという理由は、7.4節で説明しますが、ここでは酸化はき裂成長を止める、というだけにしておきます。酸化の強さは、温度や湿度などの環境や材料の性質によって少し違いますが、繰返しが進むと、いっそう安定な方向に進むので、いったん停留したき裂はまた動き出すことはありません。

結局、**疲労限度はミクロ割れが停留する限界応力**だったのです。なお、疲労限度以上の応力を受けて破断した試験片の表面を詳しく調べると、破断部以外のところでミクロき裂が見つかることがあります。しかし、これは進行性の割れだったのが、試験片の破断によって繰返し応力がストップしたため、そこで終わったと考えることができますので、停留とはいえないものでしょう。

7.2 き裂と K 値

一方、ミクロ割れよりずっと大きなき裂では、次のようなことが起こるのです。一口にいって、き裂はひ弱なミクロ割れとは違い、ずっとタフなところがあります。また、引張応力の方向に対して、直角に進行しています。なぜそうなのかを、次に説明しましょう。

ミクロ割れとき裂の違い

今、図7.4のようにき裂があり、降伏点より低い応力 σ の繰返しを受けているとします。き裂は左右対称と考えて、長さを $2a$ と表します。a は全体の長さの半分ですから、a のことを**半長**と呼んでもよいでしょう。

き裂の端のところは、応力集中のため強く変形しますが、その力学的な厳しさを K という記号で表します。K は図中に示したように、応力 σ とき裂半長 a の平方根をかけた値です。き裂端の変形の大

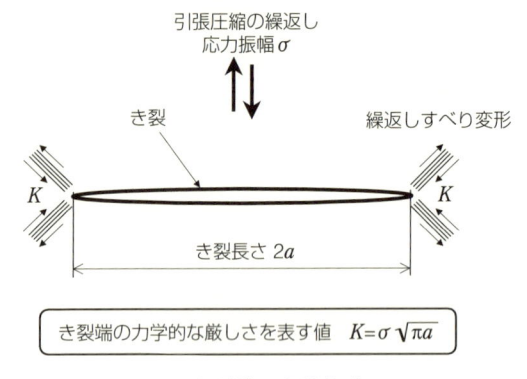

図7.4 き裂端の力学的厳しさ K

(図中)
引張圧縮の繰返し 応力振幅 σ
き裂
繰返しすべり変形
K
き裂長さ $2a$
き裂端の力学的な厳しさを表す値 $K = \sigma\sqrt{\pi a}$

きさは，この K という値に応じて大きくなるのです．

すぐ分かるように，応力 σ が2倍になれば K の値も2倍になりますが，同じように，a が大きくなっても K が大きくなります．こちらの方は，a が4倍になったときに K が2倍になるわけです．これは実は，大変重要なことで，繰り返している応力 σ が一定でも，き裂半長 a が大きくなると，K の値はどんどん大きくなり，き裂端の疲労破壊がどんどん進むことを意味しています．

K の値がある程度以上になると，き裂端の変形は，もはや結晶のすべりやすい向きなどにはほとんど依存しなくなります．物理的には，変形は転位の移動によって起こることは同じなのですが，ちょうど引張破壊のときと同じように，結晶の向きなどにはお構いなく，むりやり最大せん断応力の方向にせん断変形させてしまうのです．

つまり，**ミクロ割れは結晶の向きに依存**しますが，**き裂は K 値にだけ依存**するというのが，疲労を考えるときの重要なポイントです．

割れもき裂も英語でいえば**クラック**（crack）で，その違いは分かりにくいのですが，結晶依存か K 値依存かということによって，

この本では**ミクロ割れ**と**き裂**ということばで区別しています．結果としてミクロ割れは応力方向に 45°，き裂は 90° に向いていることも重要な特徴です．この角度の違いの理由も後で説明します．

ミクロ割れが，いつき裂になるのかということは，実はあまりはっきりしません．結晶依存から K 値依存に移るとき，といえばよいのですが，それも徐々に移るので，切り替わりはあいまいです．だいたいのところ，ミクロ割れが結晶数個以上に成長したとき，と考えればよいでしょう．

応力拡大係数

上で説明した K 値を，詳しくは**応力拡大係数**と呼びます．これは**き裂端の力学的な厳しさを表す**ものとして，非常に重要と考えたアーウィン（G. R. Irwin）という人が 1950 年代につけた呼び名で，英語では Stress Intensity Factor です．K 値という考え方を使うと，疲労のいろいろな問題をうまく表すことができるため，それ以後，疲労や破壊の研究が大きく進みました．

もう一度，式を書いておきましょう．数値の単位も考えてみると，式 (7.1) のようになります．π は円周率で，3.14 です．この式は，σ が降伏点以下で，材料全体としては弾性変形の範囲にあるときに成り立ちます．また，材料の寸法に対してき裂が小さく，ある力を作用させたときの応力 σ は，き裂があってもなくても変わらないものとします．

$$応力拡大係数\ K = \sigma\sqrt{\pi a} \\ = 応力(\mathrm{MPa}) \times \sqrt{\pi \times き裂半長(\mathrm{m})} \tag{7.1}$$

このように K 値の単位は，$\mathrm{MPa \cdot m^{1/2}}$ なのです．これは MPa 単位の応力に，$\mathrm{m^{1/2}}$ を単位とする係数 $\sqrt{\pi a}$ をかけたものです．ときど

き，応力拡大係数というと，応力にかける係数 $\sqrt{\pi a}$ のことだと勘違いしている人がいますが，そうではないので注意してください．この本では簡単のため，K 値と呼びます．

き裂のある材料の強さ

K 値は，別の表現をすると，き裂がある材料の強さを表す値ともいえます．ガラスでも，セラミックでも，氷でも，もちろん金属でも，何か一様な固体の中に，応力の方向から見て長さ $2a$ のき裂があるとき，a が大きければ，応力 σ が低くても割れますね．逆に a が小さければ，応力 σ が高くなければ割れません．この割れる条件というのが，$K=\sigma\sqrt{\pi a}$ がある値に達することなのです．

これは，ちょうど材料の引張強さのように，き裂のある材料の強さは K 値で表すことができる，というのと同じです．ただし，このときの応力は降伏点以下であることが条件です．それは破壊が起こるのは，き裂の端だけで，ほかの部分には変化がないことを前提としているからです．き裂端が少しでも壊れれば，それは a が大きくなることですから，K は限界値を超えてしまい，全体が破壊することになります．

第4話で説明したように，疲労破壊は，材料にちょっとした傷や欠陥があると，そこからき裂が発生することにより起こります．それで，そうした欠陥をもつ材料の疲労問題は，K 値で考えるようになりました．この問題は，次の第8話で取り上げることにしましょう．その前に，き裂の成長メカニズムについて，K 値の観点から考えてみましょう．

7.3 き裂の成長

き裂端の塑性変形

図 7.5 の①のようなき裂があるとします．ちょうどこの紙面が表面になっている板材を考えてください．その板を上下に引っ張ると，②のようにき裂は口を開いていきます．応力が降伏点以下なら，全体としては弾性変形だけですが，き裂の端のところだけは，強く引き伸ばされて塑性変形が起こります．ただしそれは，3.2 節で説明したような，結晶のすべり面に沿った単純な転位の移動によるものではありません．

き裂に作用する K 値がある程度以上に大きければ，結晶の向きにお構いなく，45°の最大せん断応力方向に，文字どおり力ずくで，原子が動かされてしまうのです．このような塑性変形も，やはり転位の移動による結果として起こるのですが，それは多数のすべり面でいっせいに転位が動いたり，転位が次々に別のすべり面に移動しながら動いたりする複雑な現象です．その結果，作用力を取り去っても，同じすべりが逆方向に起こって元に戻ることはできません．そして，始めは鋭かったき裂は，すっかり丸くなり，口を開いてしまいます．図のき裂端が開口して丸くなっているのが分かると思います．

しかし，材料全体は弾性変形なのですから，作用力を取り去ると，周りの材料が元の寸法に戻ろうとします．その結果，塑性変形して伸びてしまったき裂端の部分は，こんどは周りから押しつぶされることになります．それが図 7.5 の③です．これはすべり変形による圧縮の塑性変形ですが，第 3 話で説明したような酸化や吸着の影響もあって，完全に元の状態まで押し戻すことはできません．

結局，伸びて余った材料は，④のようにき裂の内側にはみ出して

① 応力が作用していないき裂

② き裂に引張応力をかける

応力 σ

き裂が開口する

塑性変形が起こる

引き伸ばされて前方にせり出す

③ 開口したき裂を圧縮する

応力 σ

き裂は閉口していく

塑性変形

押しつぶされて後方にせり出す

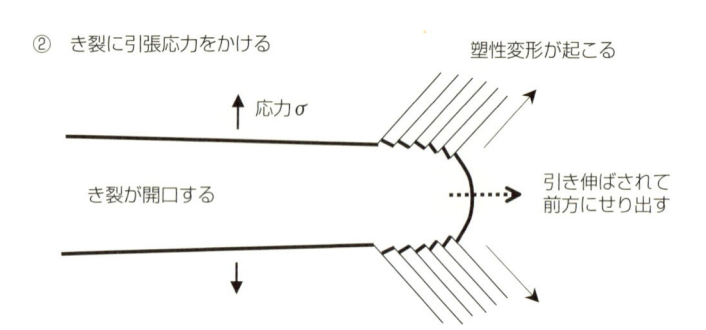

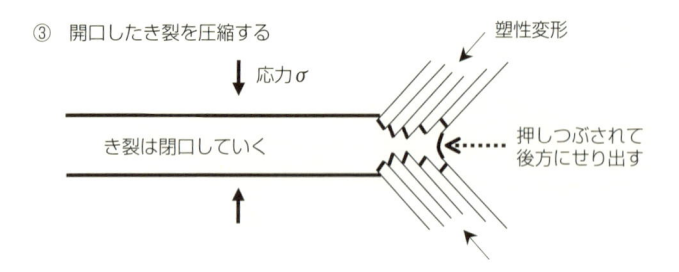

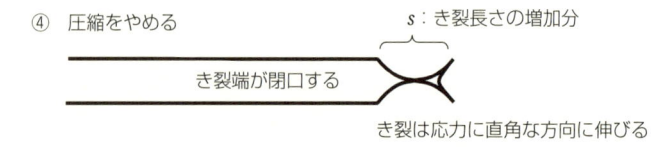

④ 圧縮をやめる

s：き裂長さの増加分

き裂端が閉口する

き裂は応力に直角な方向に伸びる

図 7.5　き裂端が塑性変形する様子

しまうのです．そして①と④を比べてみると，き裂を一回だけ引っ張って離した結果として，き裂の長さは s だけ長くなったことになります．当然のことながら，**寸法 s は K 値によって異なります**．また，せん断応力が最大になる 45°の方向は，③のように，引張方向に対して**上下対称に二つある**ので，結果としてき裂が伸びるのは，**応力に直角**の方向になるのです．

疲労によるき裂面の形状

しかし，疲労は応力を何千回も何万回も繰り返す結果として起こるのですから，その場合のことを考えましょう．図 7.6 は，応力サイクルの繰返しを続けてきた途中での，き裂の断面を想像して書いたものです．図 7.5 で，き裂端にできたのと同じように，き裂の上下面から内部にはみ出したでこぼこの形は，応力が作用していない①のときからすでにできています．

この状態で，さらに 1 サイクルの引っ張りを加えると，②のようにき裂端は塑性変形して右にせり出し，応力を下げていくと，③から④のように周囲から押しつぶされて，1 サイクルで s だけき裂長さが増加することは前の説明と同じです．結果として，き裂面には内側に突き出した波形のでこぼこができることになります．波の間隔は s ですが，これは疲労によるき裂の成長速度（m/サイクル）に対応するわけですね．このようなき裂面の形状を破面で見るとどうなっているでしょうか．

ストライエーション

図 7.6 で，き裂の進行メカニズムを説明する断面形状の想像図を示しましたが，実はそれは，次の写真に示す破面の観察結果も考えに入れて描いたものなのです．

第7話　疲労によるき裂の成長

① 応力0から少し増加

き裂面の押しつけが次第にゆるむ

② 応力最大のとき　↑応力 σ

塑性変形

き裂は最大に開口している

前方にせり出す

③ 応力減少時　↑応力 σ

塑性変形

き裂は閉口していく

押しつぶされて
後方にせり出す

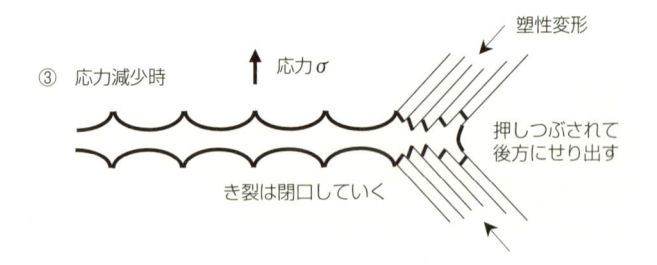

④ 応力0

s：き裂長さの増加分

き裂面が押しつけ合っている

図 7.6　疲労き裂断面の形状

7.3 き裂の成長

図7.7は，ステンレス鋼の疲労破面を電子顕微鏡で拡大して見たものですが，全体に縞模様がありますね．縞の間隔は場所によって違いますが，この写真では平均して2.5μmくらいに見えます．この縞模様が，図7.6で説明したき裂面の形に対応しています．ということは，この破面ができたときには，この部分では1サイクル s = 2.5μm の割合でき裂が進んだことを表しています．

このような縞模様を，**ストライエーション**と呼びます．ストライエーション (striation) というのは，筋をつけるとか，縞模様にするということですが，ここでは疲労き裂の成長に伴ってできる縞模様という意味です．ストライエーションの**間隔 s は，その箇所のき裂成長速度**を表します．ですから，ストライエーション間隔 s を調べれば，作用していた K 値がどのようなものだったかについてある程度の情報を得ることができます．

なお，ストライエーションに直角な方向が，その箇所のき裂の成

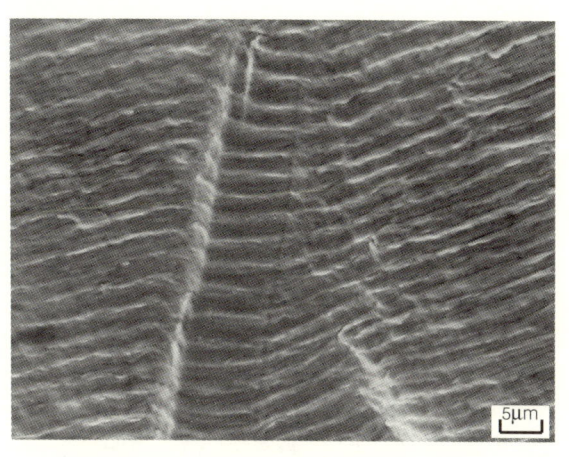

図 7.7 ステンレス鋼のストライエーション

長方向です．これも場所によってばらついています．図では，全体として上から下に成長したものです．き裂成長の向きは，ストライエーションの乱れになっている特徴に注目し，その現れ方や消え方から判断します．

　もう一つ，別の例を示しておきましょう．図 7.8 は機械構造や部品を作るのによく使う，焼入れ，焼戻しの熱処理をした鋼を，中程度の K 値の範囲で疲労させたときのストライエーションです．前の写真とは非常に違うことが分かるでしょう．ここでは，ストライエーションは複雑に入り乱れていて見にくいのですが，平均間隔は 0.3 μm くらいで，き裂の成長方向はやはり図の上から下です．また，破面が全体として粗く，起伏があり，ストライエーションができている面も，例えば 10 〜 20 μm くらいの大きさや高さの違う面にばらついています．

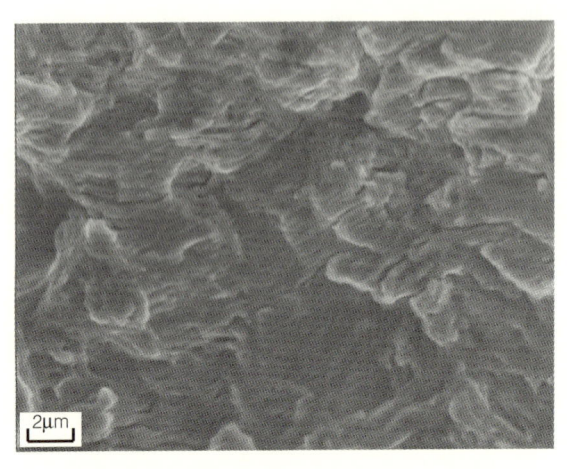

図 7.8　熱処理した鋼のストライエーション

実は，このような疲労破面の違いと，特にストライエーションのでき方の違いが，疲労に強い材料とそうでない材料の特徴なのです．上の二つの例では，作用させた K 値が違うので，直接の比較はできませんが，ストライエーションの違いははっきりしていますね．ストライエーションのでき方が複雑なほど，き裂がなめらかに成長しないわけですから，材料としては疲労に対する抵抗が大きいといえます．これは主に，熱処理によって細かい強じんな組織としていることの効果です．

7.4 き裂の開閉口

疲労き裂は，き裂が口を開閉するときに，き裂端に塑性変形が起こるため成長するのだと説明しました．塑性変形の大きさは，もちろん K 値に依存するのですが，それ以外に大きな影響をもつ現象があります．それは，き裂の開閉口に直接，影響を与える問題です．

き裂が開口する範囲

図 7.9 は，疲労き裂に上下から応力をかけたときに，き裂がどのように開閉するのかを測定した実験の様子です．図の左側に，平板の中央にき裂のある試験片を描いてありますが，実験では特殊なゲージを作り，き裂の開閉の幅 x を疲労試験中に測定しました．すると右側のグラフのように，応力 σ を変えて K を変化させたとき，x は K に対し直線的には変化しないのです．K の小さい範囲では，K と x の関係は①→②のように直線的ですが，ある値 K_2 を超えると，K の増加に対し x は急に大きくなり，②→③の間は詳しく調べると，わん曲しています．

これはちょうど，材料を引っ張るときの応力とひずみの関係に似

ていますが，決定的に違うところがあります．それは，最大値③から下げていくときは，③→②のように直線的で，しかもその勾配は始めの①→②の勾配とは違っていることです．しかし，引き続き②から K 値を下げていくと，始めの①→②と同じ直線をたどります．

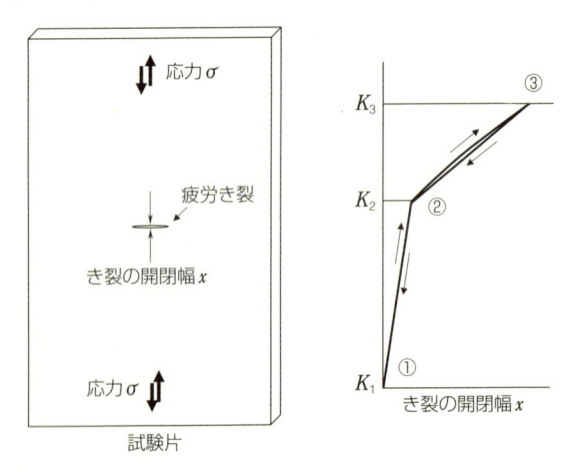

図 7.9 き裂が口を開くとき[15]

これは，次のように考えることができます．つまり左の図では，き裂は口を開いているように描いてありますが，実際はき裂面が互いに押し付けあっていて，この例では，K_2 以上にならないと口を開き始めないのです．つまり①～②の範囲は，試験片全体の弾性変形で，K-x 関係を表す線の傾きは，き裂がないときと同じです．K_2 以上ではき裂が口を開くので，試験片の幅からき裂長さを差し引いた残り部分の弾性変形になるため，傾きは小さくなります．

もちろん，これは実際に起こっていると考えられることを，単純

---

15) 太田昭彦ほか (1978)：Elber による有効応力拡大係数の振幅の適用限界について，日本機械学会論文集，Vol.44, p.3354

7.4 き裂の開閉口

化して説明しているのですから,不正確な点もあります.例えば,実測した K-x 関係の線は,②のところが鋭角に折れ曲がっているわけではありませんし,K_2 の値も,厳密に決めることはむずかしいのです.しかし,K 値を上下させたとき,き裂は K 値の大きい,ある範囲でしか口を開閉しないということは,いろいろな研究者によって確かめられています.

き裂開口幅

き裂端の塑性変形の大きさとそれによるき裂成長速度 s の大きさを決めているのは,実は,き裂が開口している範囲での,K の変化幅だけなのです.K 値が $K_1 \sim K_3$ の間で変化していても,s を決めているのは $K_2 \sim K_3$ の幅だけなのです.$K_1 \sim K_2$ の間では,外から作用させる応力は変化していても,き裂面は互いに押し付けあっていて,その押し付け力が変わるだけです.き裂端の塑性変形は起こりません.

き裂が開口している範囲の K 値の変化幅を**き裂開口幅**と呼びます.実験結果から,K の変化幅と開口幅の関係を簡単な図に描いてみると,図 7.10 のようになります.図では,開口幅を K_0 で示しました.K の変化幅に対する開口幅 K_0 の割合は,最小最大応力比 R が大きくなると,大きくなる傾向があります.

R 比というのは,第 5 話で説明しましたが,最小応力と最大応力の比でしたね.同じき裂長さに対しては,これはそのまま最小の K と最大の K の比ですから,図 7.10 に示した式のようになります.R 比が大きいということは,全体に強く引っ張りが作用するということですから,き裂は口を開きやすくなります.

つまり,K の変化幅のうち,き裂成長を決める**開口幅の割合は,R 比が大きいほど大きくなる**のです.ここで忘れてはならないのは,

このR比には，その部分の**残留応力を考えに入れる**ということです．き裂端の周りに圧縮の残留応力があると，局部的にRは小さくなり，き裂は閉口するわけですから，成長速度は遅くなります．引張残留応力なら，Rが大きくなり開口するので，成長速度は速くなるのです．

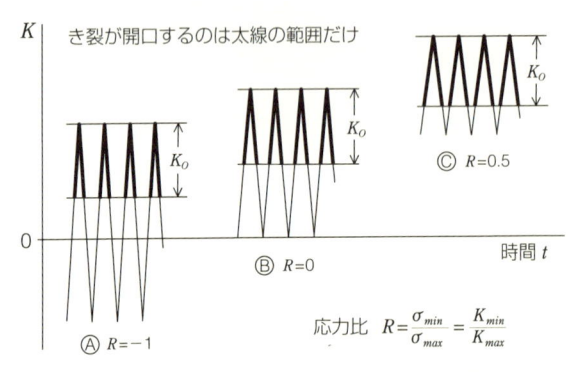

図7.10 き裂開口幅はKの変化幅の一部分

第6話で，浸炭焼入れや高周波焼入れ，ショットピーニングなどによって材料の疲労強度を高くすることができると紹介しました．その理由は，このような処理によって材料表面層が硬く強くなり，同時に圧縮残留応力ができるからだ，と説明したのですが，今はもうおわかりでしょう．表面層の強化により，ミクロ割れの発生がおさえられることと，もしき裂ができても，圧縮残留応力のため開口がおさえられ，成長しにくくなるというのがもっと正確な説明です．

開いた口がふさがらない

図7.5で，き裂が開閉口するときに，端のところが塑性変形して，

7.4 き裂の開閉口

引き伸ばされたり押しつぶされたりする，と説明しました．実は，このことがき裂の開閉口の性質を左右する重要なポイントの一つなのです．

それは，引き伸ばされた部分が，き裂が元の状態まで閉口するのをじゃまするということです．しかも，引き伸ばされた部分は押しつぶされて，き裂の内側にせり出してくるので，いっそうじゃまになります．そのため，き裂は K が減り始める早い段階で閉口してしまい，次に K が増えていくときには，かなり K が高くなってからでないと，開口は起こらなくなります．き裂ができる前には密着していた材料が，き裂ができた後はもう密着できず，ずっとそこにものがはさまったような状態になるのです．図 7.11 の Ⓐ がそれで，この塑性伸びが，K の変化幅より開口幅が小さくなる基本的な理由です．

しかし，き裂の閉口を助けるものは，塑性伸びだけではありませ

Ⓐ 塑性伸びによる閉口

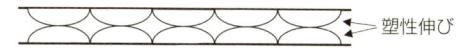

　　　　　　　　　　　　　　　　塑性伸び

Ⓑ 塑性伸びと酸化物による閉口

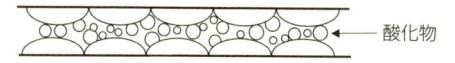

　　　　　　　　　　　　　　　　酸化物

Ⓒ 塑性伸び，破面のかみ合い不良及び酸化物による閉口

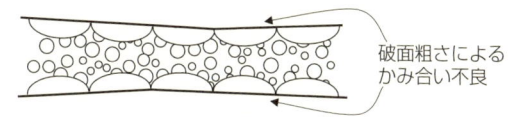

　　　　　　　　　　　　　　　　破面粗さによる
　　　　　　　　　　　　　　　　かみ合い不良

図 7.11 開いた口がふさがらない

ん.破面は互いにこすれあうため,錆を作りやすいのですが,錆というのは酸化物ですから,元の鉄より体積が増えます.酸化物によるき裂内の体積膨張も,閉口点を高めるのです.図のⒷがそのイメージです.また,Ⓒのように,破面が粗いために上下面のかみあいが悪くなることも閉口を早める原因の一つになります.

このような閉口を早める現象が起こると,開口幅が減るわけですから,条件によってはき裂は成長できなくなり,**停留する**ことになります.いま説明した**塑性閉口**,**酸化物閉口**,**粗さ閉口**のほかにも,まだ閉口を早める現象はありますが,少なくともこの三つは,き裂成長が力学的条件のK値だけで決まらないことの最大の原因です.

開いた口がふさがらないとは,人が何かにあきれる様子をいうことばですが,疲労き裂でもこんなことがあるのですね.

き裂は生きもの

第3話で,疲労の始まりはミクロ割れで,それは結晶のすべり変形による突き出しや入り込みが,空気中の酸素や水蒸気などと反応してできると説明しましたね.そして7.1節で,ミクロ割れが停留する限界の応力が,疲労限度なのだと説明しました.ミクロ割れが停留するのは,実は酸化物閉口の影響と考えられています.ミクロ割れの中に酸化物が詰まり,端部のすべり変形が起こりにくくなるので,ミクロ割れが停留するのです.

同じことは,K値の作用で成長するき裂にも起こります.疲労き裂の成長速度を測定する実験で,K値を少しずつ小さくしながらき裂長さを測定していたとき,週末に実験を中断して遊びに出かけたことがあります.月曜日に実験を再開したところ,先週はき裂成長があったはずのK値では,き裂がまったく成長しませんでした.エアコンのない昔のことですから,休んでいる間に実験室の温度が

下がり湿度が上がったため、き裂が酸化して閉口点が高くなり、停留が起こったのです。

ミクロ割れもき裂も、やはり酸素と水蒸気の世界で、敏感に反応しながら生きているのです。そしてこのようなことが、皆さんお気づきでしょうが、疲労のいろいろな現象を、人間にたとえて表現したくなる理由なのです。外国でも、疲労の研究を長く続けた人の多くが、き裂伝ぱ（propagation）といわずに成長（growth）というのは、単に発音のしやすさだけではなく、ある種の親しみをこめてそういうのではないかと思います。

自由の鐘

アメリカのフィラデルフィアに行くと、独立ホールという建物の中に、あの有名な自由の鐘を展示しています（図7.12）。1776年にアメリカが独立宣言を行ったとき、人々が勝利を祝い打ち鳴らしたことで有名ですが、この鐘は、実は割れているのです。もちろん始めは割れていなかったのですが、1846年に小さな割れが見つかったのだそうです。毎年、独立記念日などには盛大に鳴らしてお祝いをしてきたので、やはり疲労が起こったのでしょうか。

図の右にき裂のスケッチを描いておきましたが、面白いのは、き裂に沿ってたくさんの穴のあとがあることです。左の写真では、き裂が太く見えますが、詳しくはスケッチのようになっています。当時は、もちろん疲労き裂についての知識がありませんでしたから、き裂が進むのは応力集中のためで、き裂端に丸穴を開けて応力集中部の曲率半径を大きくすれば、き裂の進行を少なくとも遅くできると考えたのです。この方法はストップホールと呼び、日本でも昔は使っていました。しかし、き裂は伸び続け、ついに鐘を鳴らせなくなりました。

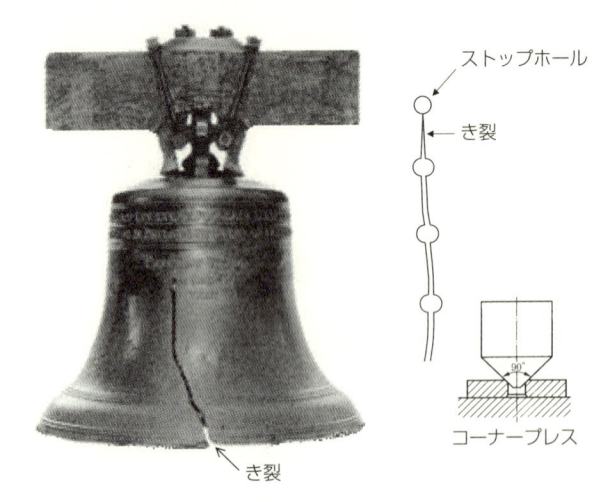

図 7.12 自由の鐘にはき裂がある

　現在の皆さんなら，どうしますか．穴を開けることは，き裂の開口を助けることになるので，逆効果だった可能性がありますね．き裂を止めるには，閉口を起こすようにすればよいのですから，そこに圧縮残留応力を与えるとよかったのです．例えば，図の右下のように，穴のふちを円錐形のポンチで圧縮して塑性変形させると，圧縮残留応力ができます．もっと簡単には，穴を開けずに円筒形ポンチで材料を厚さ方向に圧縮すれば，もっと効果的でしょう．円錐形ポンチで穴のふちを圧縮する方法は，コーナプレスと呼び，自動車の重ね板ばねなどの製造に実際に使われています．

　なお，自由の鐘は，もともとイギリスで作られたのですが，き裂が入ったため 1753 年に溶かして作り直したものだそうです．独立戦争より，ずっと前のことです．詳細は不明ですが，ひょっとすると，何か不純物元素が混ざっていて，材料的に問題があったのかも

しれません．もしそうなら，圧縮残留応力を加えても，やはりだめだったかもしれません．

/まとめ/

疲労によるき裂の成長

　疲労の芽は結晶内のミクロ割れであると前に説明しましたが,それが結晶数個以上に大きくなると,き裂となります.ここでの説明のポイントは,次のようなものでした.

- き裂に繰返し応力が作用すると,き裂は開閉口を繰り返し,き裂端に塑性伸びと塑性圧縮が繰り返される.
- き裂端の塑性変形の大きさは,基本的には結晶とは関係なく K 値という力学的条件だけで決まる.
- き裂端の変形に依存して,き裂は1サイクルに s ずつ伸びていくが,そのとき破面上にストライエーションを形成する.
- 実際には,き裂閉口を早める現象が起こるため,K 値の変化幅とき裂の開閉口幅は同じにならない.
- き裂閉口点が K 値の高い側に移動する原因には,応力比 R,き裂端の塑性伸び,き裂面の酸化,破面粗さなどがある.
- 特に,残留応力は R 比に大きな影響を及ぼす.

　ポイントの最後の方にあげたき裂閉口の問題は,数字で表すのがむずかしい内容です.それで,ここではき裂の成長速度について,数値的な取り扱いは避け,メカニズムの説明だけにしました.この点は,次のおはなしでも出てきますから,それも参考にしてください.

第 8 話

疲労のマネジメント

マネジメントというのは，日本では会社や団体などの経営や管理，運営などの意味で使うことが多いことばですが，もともとのマネジという英語は，道具などを使うとか，動物などをあやつるという意味です．普通の会話では，何とかうまくやっていく，という意味に使います．疲労は，金属材料にとって，原理的に避けられない問題ですから，私たちは疲労とうまくつき合っていかなければなりません．

何とかうまくやる方法は，考える機械や装置によっても違うでしょうし，同じ機械でも人によってやり方が違うでしょう．ここでは，疲労のマネジメントについて，一つの考え方を説明してみましょう．

8.1 疲労寿命の予測

まず，考える対象を決めておきます．この本では，金属の疲労について考えてきましたので，対象は金属製の一つの部材ということにします．部材というのは，機械や構造物の一部分を構成する材料の単位で，それなりの形や表面処理など，疲労に影響する条件も含んだものです．軸受やボルトなどは含みません．また，制御のための電気や油圧など，材料以外のシステムも除きます．鉄道の車軸や高速道路の橋の桁などは，部材の例として分かりやすいものでしょう．

疲労のマネジメントとは

疲労のマネジメントとしては,何を考えるのでしょうか.これまで,疲労はなぜ起こるか,疲労が起こる条件,疲労を考えた設計,疲労に対抗する材料技術,疲労によるき裂の成長といったことについて,おはなししてきました.重複しない範囲でいえば,マネジメントとしては,あらかじめ部材の寿命を予測しておき,その寿命が近づいたら,部材が壊れていなくても使用するのをやめる,とするのがよいと思います.

始めからその部材を交換できるように設計しておけば,新しい部材と交換して,再び使用することもできます.悪くなった部分を補強して,だましだまし使うというのもあるでしょうが,それでは不安がつきまといます.いずれにしても,**寿命予測**が第1の決め手になります.

また,作用力の変動など不確定なことが多いと,予測寿命の精度が悪くなりますが,そのようなときには検査をして,き裂が出てい

マネジメントを考える

るかどうかなどを調べる必要があります．マネジメントとしては，いつ，どのように検査をして，まだ使えるかどうかをどのように判断するかが重要になります．そう，第2のポイントは，**定期検査**です．

なお，航空機，鉄道車両，船舶，発電プラント，高圧ガス設備，圧力容器，昇降機，その他の危険物設備などは，いろいろな**法律や規則**によって安全管理の方法が決められています．しかし，それらを担当する国や地方自治体の人も，もちろん疲労の専門家ではありません．そのような規則類をよく調べ，技術的な立場から**安全管理**に反映するのも，疲労マネジメントの大切な分野です．しかし，一般には組織的な対応が十分ではない分野が多いのではないでしょうか．

もし，同じ種類の製品を多数使っている大口ユーザがあれば，そのユーザと装置メーカとの協力関係は，本当は何よりも重要です．ユーザとしては不具合が起こったときに，すばやい対応を期待できますし，メーカとしても早めに改良の手を打てるからです．このような**メーカとユーザの連携**もマネジメントの一つであるべきですが，正面からの取組みはあまり多くないようです．

部材の設計寿命

疲労マネジメントの出発点として，その部材の疲労寿命を知る必要があります．もともと材料の強度は決まっていますから，設計のときに考えたとおりの条件で使用すれば，**S-N**曲線に基づいて考えた寿命までは保証できるはずです．しかし最大の問題は，その機械や装置を使う人が，設計したとおりに使うとは決まっていないことです．例えば，トラックの車軸に作用する力は，走る道路や乗せている荷の重さ，運転速度などによって違いますね．作用応力は普通，

かなりばらついているものです．

それでも，実際の作用応力を計測したデータがあれば，5.5節でおはなししたマイナーの考え方によって，寿命消耗率を求めて寿命を予測することができます．また，疲労限度以下の応力しか絶対に作用しないような構造にしておけば，一応，寿命は無限大と考えてよいことになります．一応というわけは，例えば局部的に腐食などの別の材料損傷が起こり，応力集中などのために応力が高くなって，疲労が起こることもよくあるからです．

設計寿命を目標として用いる考え方は，図8.1のようになるでしょう．しかし，そのとおりになる保証はないのです．ですから，やはりときどきは検査をして，安全を確認する必要があります．これはちょうど，自動車の定期整備のようなものですね．1年に1度など，都合のよいときに検査すればよいのです．

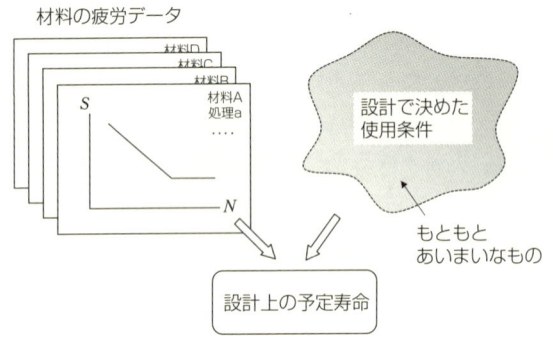

寿命の目安とするが，そのとおりになる保証はない。
ときどき検査をして，安全を確認する必要がある。

図8.1 設計寿命に基づくマネジメント

き裂は始めからあるもの

部材の疲労寿命を予測するための，もう一つの考え方があります．

それは図 8.2 の Ⓐ のように，始めからき裂があると仮定して，Ⓒ のように，そのき裂の成長速度に基づいて部材が破壊するまでのサイクル数を計算で予測する方法です．これには，もちろん，作用する応力がある程度分かっていなければなりません．

これは特に，溶接した大型部材などでよく用いられる方法です．というのは，溶接部にはどうしても小さな欠陥ができやすく，き裂ができやすいからです．特に，欠陥を検査して取り除いたとしても，どこかにまだ欠陥が残っている可能性を消しきれないからです．

始めからき裂があると仮定するのは，いかにも後ろ向きで，悲観的な考え方です．しかし，それが高圧力のタンクで，もし破裂したら人命にかかわる大事故になりかねないとすれば，安全サイドにそう考えるのもやむを得ませんね．

Ⓐ で仮定するき裂の大きさは，普通の**非破壊検査で見つけられる，ぎりぎりの大きさ**とします．しかし，仮定したき裂はないかもしれないのですから，Ⓒ の予想に基づき，Ⓓ のように検査を行い，

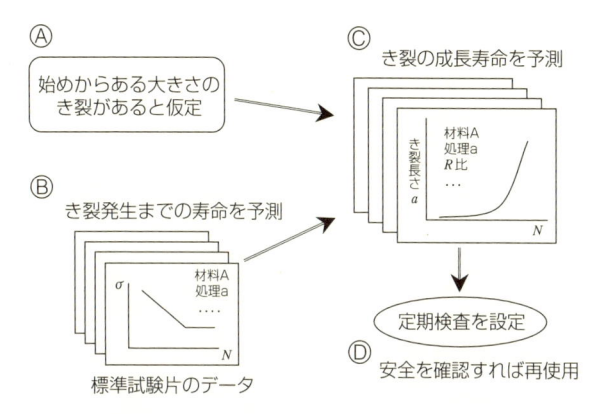

図 8.2 き裂成長に基づくマネジメント

問題がなければ引き続き使用します．検査時期の決め方などは，後で説明します．

なお，溶接部などがなく，どこにもき裂を仮定するような欠陥もない部材では，Ⓑのように，使用開始からき裂発生までの寿命を考えることもあります．

き裂発生寿命は，標準的な小型試験片で求めた S-N 曲線から決まる寿命とします．というのは，標準的な試験片は，大体 10 mm くらいの寸法ですが，これは数ミリのき裂が入れば破断するからです．実際には，疲労寿命のばらつきを考えて，平均的な破断寿命の 1/2 とすることも多いようです．その寿命のときに，非破壊検査で見つかる限界寸法のき裂ができている，と仮定するのです．

8.2 非破壊検査とは

非破壊検査というのは，文字どおり壊さないで，材料の表面や内部にあるき裂や欠陥を調べる検査です．広く用いられている方法には，浸透探傷試験，超音波探傷試験，磁粉探傷試験，渦流探傷試験，放射線透過試験などがあり，主な方法は JIS に細かい規定があります．普通，訓練を受けた専門の人が検査をします．また，機械や装置のほうも，例えばボイラや高圧ガスの容器，配管やバルブ類，鉄道や船舶などについてどこをどの方法で検査するかが決められています．

どんな方法があるか

この本は，非破壊検査について説明するのが目的ではないので，参考までに大まかな説明を表 8.1 に示します．

①の浸透探傷は，赤インクのような液を傷にしみこませ，ふきと

った後に,おしろいのような現像剤を塗ると,傷から赤い模様が浮き出てくるのを観察するものです.特別な装置がいらない手軽な方法なので,き裂の発見に広く使われています.

②の磁粉探傷は,材料に大電流を流すため特殊な装置が必要で,現場での検査にはあまり向きません.また,強磁性の鉄鋼材料に限られます.

③の超音波は,普通は超音波の送受信器を押し当てるため,材料表面がなめらかで,直接ふれることができるのが条件です.超音波による検査は,お医者さんも使っているので,体験した人もあるでしょう.

④の渦流は,非磁性のアルミニウム合金などにも使えるので,航

表8.1 主な非破壊検査の種類

名　称	説　明
① 浸透探傷	表面に染色液を吹き付け,ふきとった後に現像剤を吹き付け,傷にしみこんだ液がしみ出てくるのを観察する.
② 磁粉探傷	鉄鋼に電流を流して磁化し,傷から磁力線が外に漏れ出すのを利用して,そこに細かい鉄粉が集まるのを観察する.
③ 超音波探傷	材料中に超音波を送り込み,表面や内部の傷から反射する波を受信して,傷の位置や形状寸法を検出する.
④ 渦流探傷	表面近くに置いた交流コイルが作る渦電流を測定し,電流の大きさや位相のずれから,材料の異常や傷を検出する.
⑤ 放射線透過	X線やγ線が材料を透過するとき,厚さや密度に応じて減衰して弱くなることを利用し,内部欠陥を検出する.

空機の検査などに多く使います．やはり，検出器を手で押し当てながら検査します．

⑤のX線も，健康診断などでおなじみかもしれません．ただ，金属にはずっと強いX線を使うので，フィルムに写った透過像から簡単に見つかる傷や欠陥は，欠陥の厚さが材料厚さの10％くらいあるときだということです．

検査は人が行うもの

非破壊検査でき裂や欠陥を発見する精度は，ここにあるはずだから探せといわれたときと，場所を限らずに探せといわれたときとでは，非常に違います．皆さんがボタンくらいの小さな落とし物をしたとき，机の下と分かっていれば，たぶん見つかるでしょう．でも，家の中のどこかで落としたとなると，見つけるのはすぐには無理かもしれません．非破壊検査にもそのようなところがあります．

図8.3は，スペースシャトル用のアルミニウム合金材料について，

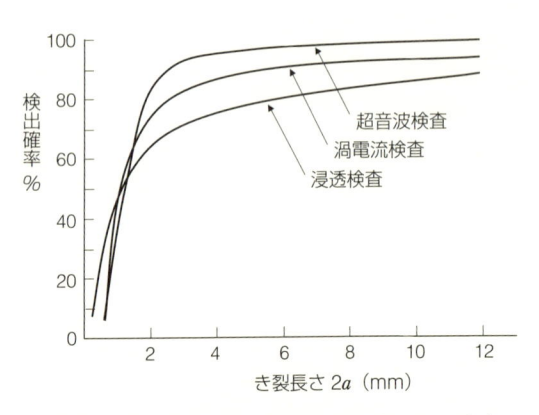

図 8.3 疲労き裂が非破壊検査で見つかる確率

一つ以上のき裂をもつ数百の試料を用意し、それとは知らない検査員がいろいろな方法で検査した結果に基づいています[16]．これは一つの例にすぎませんが，き裂の発見確率は，さしわたし寸法が2 mm以上のときに，ようやく70～90％になるくらいのものだ，ということが分かりますね．X線によるデータはずっと精度が悪くなるので，ここでは割愛しました．

なお，重要な装置などでは，非破壊検査は二人の検査員が別個に重複して検査をするのが普通です．例えば，ある方法によるき裂の検出確率を85％としましょう．これは見落とし率が15％ということです．もしこれを二人のひとがお互いの連絡なしに検査したとすると，同じき裂を二人で見落とす確率は$0.15 \times 0.15 \approx 0.02$ですから，検出確率は98％になります．このことから，検査は別々に二人以上で行うことが大切なのです．

8.3 き裂成長による寿命予測

では，今考えている部材に，$2a = 2$ mmのき裂があると仮定します．つまり，$a = 1$ mmですね．これは，材料の表面にあって，非破壊検査で見つけることが可能なほぼ最小の寸法です．もし肉眼で見るだけの検査でしたら，専門の訓練を受けた検査員でも，き裂が10 mmはないと確実に発見するのは難しいでしょう．

き裂の寸法は，図8.4のようにそれを楕円とみなすと，K値の計算が簡単になります．楕円の寸法は$2a$と$2b$で決まりますが，始めは$a \neq b$のき裂でも，成長すると自然に$a = b$になります．簡単のため，ここでは$a = b$の円形き裂を考えます．例えば，浸透探傷で

---

16) 日本材料学会編 (1987)：機械・構造系技術者のための実用信頼性工学，p.237，養賢堂

図の Ⓑ のような表面き裂が見つかったとき,表面で測定したき裂幅 $2a$ に基づき,内部へのき裂深さを a とするのです.普通,これはき裂を大きめに見積もることになるので,安全側の推定です.

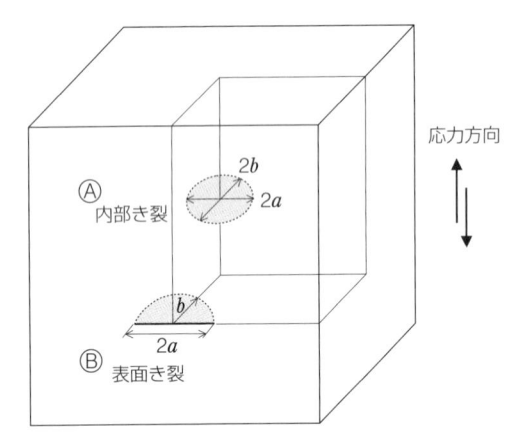

図 8.4 内部き裂と表面き裂

き裂の成長速度

先に,き裂の成長速度は,き裂開口に対応した K 値の変動幅 K_o により決まると説明しました.グラフに書いてみると,だいたい図 8.5 のようになります.横軸はき裂が開口している幅 K_o,縦軸はサイクルごとのき裂成長速度 da/dN です.斜めの直線部は,図中の式のように表すことができます.そして,この曲線の関係は,鉄鋼の種類が違っても大きくは異なりません.図に示した単位では,だいたい $C \approx 10^{-11}$, $m \approx 3$ と考えればよいようです.

重要なことは,開口幅の K_o には下限値があり,それより K_o が小さい範囲では,き裂の成長速度は無限小となることです.図では,下限値を K_{th} と書きましたが,材料の種類によって値は少し違いま

8.3 き裂成長による寿命予測

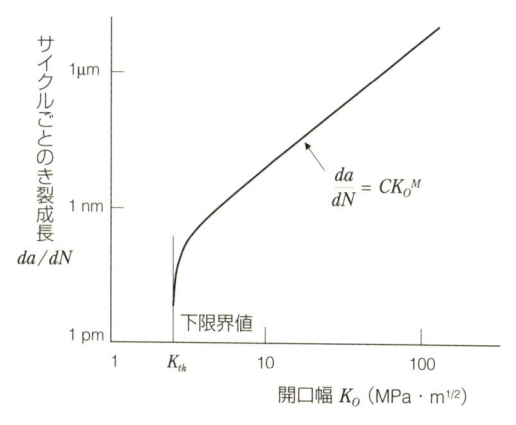

図8.5 き裂の成長速度と開口幅 K_O の関係

（図中: サイクルごとのき裂成長 da/dN、$\dfrac{da}{dN} = CK_O{}^M$、下限界値 K_{th}、開口幅 K_O (MPa·m$^{1/2}$)）

す．しかし，差は大きくはないので，鉄鋼材料では K_{th} はほぼ $K_O = 2.5$ MPa·m$^{1/2}$ 前後と考えればよいようです．この K 値では，事実上，き裂端に意味のある大きさの塑性変形が起こらなくなる，と考えればよいでしょう．

き裂の成長速度は，**開口範囲 K_O で表す限り，鉄鋼の種類によらず，どれもほぼ同じ**です．それでも疲労に強い材料と弱い材料があるのは，主に閉口現象の違いによるものです．特に，塑性閉口や粗さ閉口は，鉄鋼の強度レベルなどによって大きく違いますから，K_O でなく，閉口も含む K で表すと，大きな差があります．

き裂を認める発想の転換

き裂成長に基づく寿命の考え方は，実はき裂があってもよいとする考え方です．き裂があっても，壊れなければよいはずです．現に，疲労限度もき裂が停留する限界だったわけですし，**安全なき裂は認めるべきだとする**，いうなれば発想の転換です．

図 8.6 の縦軸は成長速度ですが,1 サイクル当たり 1 pm,1 nm,1 μm と,1000 倍きざみの目盛だけを示してあります.これがどれほどの大きさなのか,具体的に考えてみましょう.なお,pm はピコメートルと読み,10^{-12} m の意味です.nm はナノメートルで,10^{-9} m でしたね.

例えば,時速 300 km で走る列車の車軸は,車輪の円周を 3 m とすると,1 時間に 10 万回転します.車軸の疲労を考えると,もしサイクルごとのき裂成長が 1 nm で一定なら,1 時間では $10^{-9} \times 10^5 = 10^{-4}$ m,1000 時間なら 0.1 m のき裂成長が起こる計算です.0.1 m は 10 センチですから,これでは,車軸はもちません.実際には,作用応力が同じでも,き裂が成長すると K 値は大きくなるので,成長はどんどん速くなりますから,ずっと早く壊れるでしょう.

もしこれが,1 時間に 10 回くらいしか使わない,クレーンのような装置だったとすればどうでしょう.き裂が 0.1 m 成長するのには,車軸の 1 万倍の 1000 年以上かかることになります.10 年で 0.1 mm です.これなら皆さんも,き裂があってもよいと思いませんか.き裂の成長をきちんと,しかも安全側に予測できれば,き裂は認めてもよいはずです.き裂を認めることは,応力の繰返し速度がそれほど速くない機械や構造物のときは特に重要で,また必要なことなのです.

き裂成長速度と寿命

さて,1 サイクル当たりのき裂成長速度 da/dN は,開口幅 K_0 によって決まりますが,このことを使うと,き裂がある寸法 a_1 から a_2 まで大きくなる間の寿命 N を数学的に求めることができます.もし a_2 が a_1 より 5 倍以上大きくなるときを考えるなら,a_2 を無限大としたときとの違いは無視してもよいので,そうすると参考に示

8.3 き裂成長による寿命予測

すように，だいたい $N = a_1/(da/dN)_1$ で表すことができます．分子の a_1 は始めのき裂寸法で，分母の $(da/dN)_1$ は始めの成長速度です．

> 〈参考〉 $\dfrac{da}{dN} = CK_o{}^m = C(\sigma_o\sqrt{\pi a}\,)^m$
>
> $N = \dfrac{2a_1}{C(m-2)(\sigma_o\sqrt{\pi a_1}\,)^m}$
>
> $m = 3$, $a_2 \gg a_1$ と仮定すると，
>
> $N = \dfrac{2a_1}{C(\sigma_o\sqrt{\pi a_1}\,)^3} = \dfrac{2a_1}{\left(\dfrac{da}{dN}\right)_1}$

これはとても重要な関係です．というのは，もし定期的な検査を行い，その都度，前回検査の結果と比べてわずかなき裂成長があったとすれば，1検査間隔当たりのき裂成長速度が分かりますから，その速度でき裂長さを割れば，あと何回の検査期間に相当する寿命があるか分かるからです．

しかし，これは非破壊検査によるき裂長さの計測精度と，検査自体のコストなどの点から，実用的ではありません．将来，発見した小さいき裂にセンサを取り付けて，簡単にモニタリングができるようにでもなれば，疲労のマネジメントは大きく前進するでしょう．

図8.6は，き裂が開口している条件で予測した，き裂の成長曲線です．開口している条件というのは，R比が高く，つまり，強く引っ張った状態でのき裂を意味します．図から，作用応力が分かれば，**ある長さのき裂がもつ余寿命**はどのくらいかわかります．図の曲線で，始めのき裂寸法を 1 mm とすれば，それが材料の寸法，例えば 20 mm になるまでの寿命を調べればよいわけです．

なお，作用応力の変化が大きく，いくらに見積もればよいかはっきりしないときには，安全側として大きめの応力を選びます．後で

説明するように，き裂成長による寿命予測は，定期検査とセットですから，考えた作用応力が大きすぎることが分かれば，き裂は成長しないため，後で見直しができるからです．

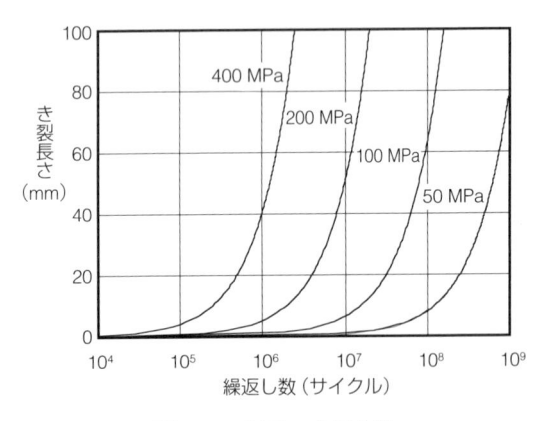

図 8.6 き裂の成長曲線

また，き裂閉口がある条件では，K 値の変化幅に対する開口幅の割合が分からないことも多いのですが，これも安全側に，応力が引っ張り側（＋）にある範囲などとすることがあります．図 7.10 などを見れば，これは安全すぎる仮定ですがしかたありません．

8.4 溶接部のき裂成長

ここでは，産業用の大型設備や各種プラント，橋梁，船舶などで共通の問題の溶接部の疲労について考えます．実は，疲労マネジメントを考えるうえで，溶接部は，き裂の成長による寿命予測に非常に適しているのです．

大型の設備では，溶接なしに装置を組み立てることはできません

ので、溶接部は非常にたくさんできます。しかし溶接部には、ともすれば欠陥ができやすい上に、大型設備の非破壊検査は範囲が広く見落としの可能性も高いので、始めからき裂があると仮定するのはごく自然です。さらに、作用力の繰返しも遅いことが多いので、き裂成長による寿命予測が実際に役立つからです。

溶接残留応力

何度も繰り返しますが、き裂の成長を考えるためには、作用している K 値の幅のうち、き裂が開口している幅 K_o の割合が、最も重要です。ところが溶接部分では、き裂は開口していると考えてよいのです。

図8.7を見てください。(a)は溶接しようとしている2枚の板ですが、その合わせ目のところを溶けるまで加熱して接合せずに冷却すると、加熱した部分が収縮して、(b)のように板はそれぞれ変形します。それは、加熱のとき軟化した部分には圧縮の塑性変形が起こりますが、冷却のときは元の強度に戻って収縮するからです。こ

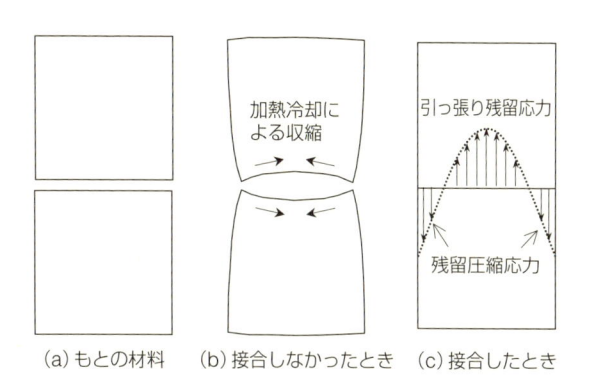

(a) もとの材料　　(b) 接合しなかったとき　　(c) 接合したとき

図8.7　溶接部には引張残留応力ができる

れを③のように接合していたとすると，板の変形が許されないため，溶接部の中央は上下に強く引っ張りを受け，つりあうように両端は圧縮を受けることになります．

結果として，(c)に示したように，溶接後の板には中央で引っ張り，両側で圧縮の，山形の残留応力ができることになります．疲労き裂は，当然中央の引張部分にできやすいのですが，もしき裂ができればそのR比は，例えば0.9というような高い値になります．というのは，引張残留応力の最大値は，ほぼその材料の降伏点に相当する高い値になるからです．つまり，**溶接部のき裂は常に開口している**と考えてよいのです．これはいろいろな人が実験で確かめています．

溶接部の疲労き裂は，いつも開口しているということになると，き裂成長の予測は非常に簡単になります．もちろん，鉄鋼の種類による違いも気にせずによくなります．

き裂がある材料の寿命

図8.8は，初めからき裂がある材料で，き裂が完全に開口状態にあるときのS-N曲線を示したものです．いい換えれば，これは溶接部のS-N曲線です．ここでは，分かりやすくするため折れ線で描いてありますが，それは図8.5の曲線を，斜めの直線とK_{th}を通る縦線の折れ線とみなして，単純化したからです．詳しく計算すると，図8.5を左に90°回したのと同じような曲線になります．

注意しておきますが，このS-N曲線は，R比が0.9以上で，き裂が完全に開口しているときの，いろいろな鉄鋼材料の平均的な傾向を表したものです．R比が低くなり，部分的に閉口が起こる条件では，疲労限度は図の値より高くなり，折れ曲がり点が左へ移動します．それはRの低下に従い，K_{th}の値が大きくなることに対応して

いますが，個々の条件に対する K_{th} の値は，材料の種類によって変わるので複雑です．

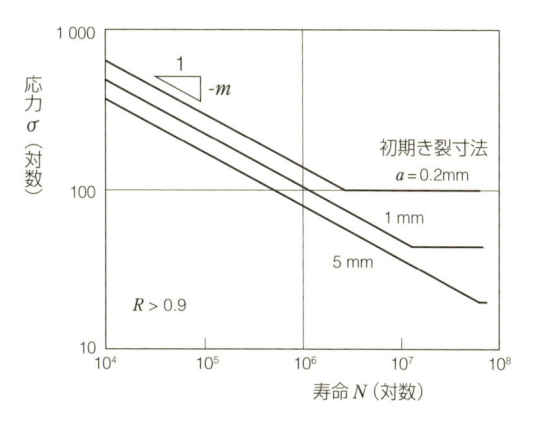

図 8.8 き裂がある材料の S-N 曲線

8.5 定期検査の考え方

さて，ある大きさのき裂があることを前提にすると，き裂が開口している溶接部では，その成長を予測し，余寿命を推定できることを説明しました．ところが，そもそも前提としたき裂は，存在しないこともあるわけです．しかし，安全のためには，仮定に基づき定期的に検査をして，き裂が出ていないことを確認する必要があります．その検査のタイミングは，どうやって決めればよいのでしょうか．順を追って考えて見ましょう．

図 8.9 は，あるき裂の成長曲線とします．縦軸はき裂寸法，横軸はサイクル数又は稼働時間です．ここでは，き裂発生寿命 A を考えるとしましょう．A は，例えば直径 10 mm の小型試験片が破断する

寿命の1/2とします．これがき裂成長曲線の開始点①になりますが，そのときのき裂寸法 a_1 は，非破壊検査で発見できる最小寸法，例えば1 mmに相当すると考えます．時点Aでは普通，検査は特に行いません．

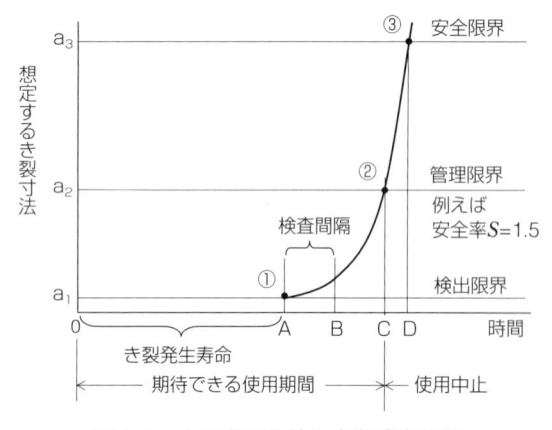

図 8.9 き裂成長曲線と定期検査時期

一方，部材に作用する応力が σ のとき，き裂が限界寸法 a_3 に達すると急速破壊が起こるとします．K 値では $K=\sigma\sqrt{\pi a_3}$ ですね．実際の応力はばらつくので，とつぜん壊れることのないように，安全を見込んで S 倍の応力が作用しても破壊しないようにしましょう．応力 $S\sigma$ で破壊するき裂の限界寸法を a_2 とすると，$K=S\sigma\sqrt{\pi a_2}$ とおけば，$a_2=a_3/S^2$ であることがわかります．

そこで，この寸法 a_2 をき裂寸法の管理限界とすれば，十分安全な範囲で部材を使用することができます．S を**安全率**と呼びますが，例えば $S=1.5$ なら $a_2=0.44 a_3$ を管理限界にするわけです．そして，き裂が管理限界を超えた部材は，使用禁止とするのです．

8.5 定期検査の考え方

管理限界の点②に対応して寿命 C が決まりますが，定期検査は，A と C の中間点 B でおこないます．これは，もし B の検査でき裂の見落としがあっても，次回の検査 C で発見できるようにするためです．これは 8.2 で説明した検出確立を高めることと同じ意味で，安全性が高くなるのです．このように定期検査は，き裂が検出限界から管理限界に達する期間の 1/2 を目やすとして，月単位などの分かりやすい間隔で実施するのがよいでしょう．

なお，B や C の検査でき裂が見つからなければ，更に同じように検査を繰り返しながら，使用を続けることができます．図 8.10 を見てください．前回の検査では，想定き裂の成長曲線は左の破線でしたが，検出限界以上のき裂が見つからなかったとします．そこで，曲線を実線のように設定しなおした結果，今回の検査をおこないます．もし，今回もき裂が見つからなければ，曲線は右の破線のように再設定することになります．また，作用応力の見積もり方や装置の改良などによって成長曲線が変わるなら，それも見直してよいのです．

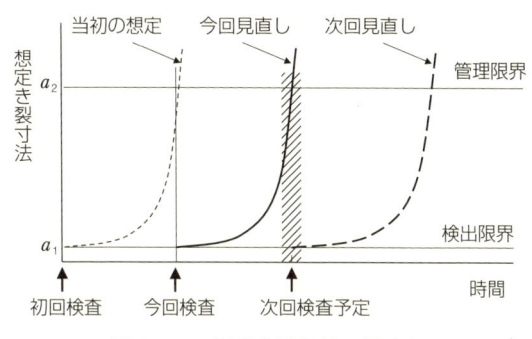

図 8.10 き裂成長曲線の見直し

マネージャの腕の見せどころ

疲労のマネジメントで重要なのは，寿命予測とそれに基づく定期

検査です．このようにいうと担当するマネージャは，装置のお守りだけで面白くない仕事に見えるかもしれません．しかし，検査方法の改良や使用方法の改善によって，検査期間の延長や寿命延長の可能性があり，それはマネージャの腕にかかっているのです．

　何よりこのようなマネジメントの方法は，もし部材が疲労してきたら交換することを前提としていますが，性能アップした部材と交換すれば，装置全体の能力を改善できたり，寿命を大幅に伸ばしたりできる可能性がありますね．人間なら，さしずめリクルートの腕次第というところでしょうか．疲労した部材を取り換えながら，装置を使い続けていくことは，これからの持続可能な社会の中では，ますます必要なことになるはずです．

　こうしてみてくると，金属の疲労は，人間の疲労とずいぶん似ているところがありますね．人の体では，入れ歯から心臓移植まで，ずいぶんいろいろな部品の交換ができるようになってきましたが，機械や構造物の分野では，技術者があまり熱心に取り組んでこなかった印象があります．しかし，疲労のマネジメントも，今後は重要性が高まるでしょうから，もっと多くの人が関心をもつようになればよいと思います．

================================/まとめ/================================

疲労寿命の予測と検査

　この本の締めくくりとして，疲労のマネジメントについて考えました．もちろんここに述べたのは，一つの考え方にすぎません．ほかにも，いろいろな考え方があるでしょう．しかし，これから金属の疲労を学ぶ人にとっては，参考になると思います．要点をまとめると，次のようになります．

- 機械や装置が突然，疲労破壊して混乱するのを避けるためには，あらかじめ疲労寿命を予測し，定期検査を行い，日ごろから状態を知っておくことが重要である．
- 寿命予測には，設計時に考えた寿命をそのまま用いてもよいが，実際の作用応力や環境条件などが，設計のときに考えたものと大きく違わないことが条件となる．
- 溶接部などを含む大型設備などでは，始めからき裂があると仮定し，そのき裂の成長曲線を予測して安全な範囲で使うようにしてもよい．
- 溶接部には，強い引張残留応力ができるため，き裂は開口状態になり，成長曲線の予測は容易になる．この考え方は，き裂があっても，安全な大きさの範囲にあることを確認できれば使ってよいとするものである．
- 定期検査は，安全率を考えたき裂の危険寸法を管理限界として，非破壊検査によるき裂の検出限界との間で行うが，検査の見落としもあるので，検出限界寸法と危険寸法の間で，2回は検査を行えるように設定する．
- 金属材料にとって，疲労はある意味で避けられない問題なので，疲労とうまく付き合っていくことが必要である．

　なお，運用の具体的な中身は，その装置などによって違いますし，疲労以外の観点もあるでしょうから，ここではふれませんでした．

むすび

　この本は，私が旧科学技術庁の金属材料技術研究所にいたころ，日本規格協会の人から書いてみませんか，とお誘いを受けたのがきっかけで書いたものです．当時は，たくさんの仕事を抱えていて，いずれ時間ができたら書きます，とお断りしたのですが，ようやく今回その約束を果たすことができました．

　研究所では，一貫してずっと疲労の研究をさせていただきましたが，特にその半分以上の期間は，国産金属材料の疲労データシートを作る仕事をしました．太平洋戦争のあとで，日本が鉄鋼生産を本格的に再開したしばらくの間は，国産材料に対する世界の評価が低く，大型設備やプラントの受注にも影響があったと聞きます．

　そこで，国立研究所として民間や大学の研究者たちの協力を得て国産材料の評価を行い，その優秀さをアピールしようとしました．東京オリンピックのころから，まず高温用材料のクリープという性質の評価を開始し，続いて 1969 年から疲労の評価を始めました．これらの仕事は，現在も新しい材料について続けられていますが，そのおかげで，日本のクリープや疲労の研究は大いに進んだと思います．またドイツなど外国でも，類似の活動が行われていると聞きます．

　なお，データシートのデータは，http://tsuge.nims.go.jp からアクセスすることができます．興味のある人はのぞいてみてください．

　金属材料は私たちの生活になくてはならない重要なものですが，一方では，金属にとって疲労は原理的に避けることのできない問題

なのです．しかし，これまで，疲労は専門家だけの問題とされてきました．機械工学系の大学でも，疲労は講義でごく簡単にふれるだけです．しかし一般常識としても，金属も疲労するということくらいは，ぜひ知っておいてほしいことです．

この本がきっかけとなり，疲労とは何か，どうやって疲労を防ぐか，どのようなことが疲労を速めるかなどについて，読者の皆さんが少しでも関心を持っていただくようになれば幸いです．

なお，日本規格協会編集第一課の宮原啓介氏には，この本を読みやすくする上で多くの助言をいただいたことを記し，謝意を表します．

参考文献

1) 遠藤達雄ほか(1967)：変動応力を受ける材料の疲れ(第1,2報)，日本機械学会講演論文集，No.185
2) 太田昭彦ほか(1978)：日本機械学会論文集，Vol.44
3) 西島敏ほか(1989)：JIS機械構造用鋼の基準的疲労特性，金属技研疲労データシート資料
4) 西谷弘信編著(1985)：疲労強度学，総合理工学講座6，オーム社
5) 日本機械学会(1984)：技術資料　機械・構造物の破損事例と解析技術，日本機械学会．
6) 日本材料学会編(1987)：機械・構造系技術者のための実用信頼性工学，養賢堂
7) 日本ばね工業会(2000)：ばねの体系的分類，日本ばね工業会
8) 疲労部門委員会報告書(1988)：金属疲労研究の歴史，日本材料学会
9) 森口繁一(1997)：強さのおはなし，日本規格協会
10) 大和久重雄(1984)：鋼のおはなし，日本規格協会
11) R. Cazaud et al.(1937)：La fatigue des metaux, Dunod, Paris
12) R. Cazaud et al.(1969)：La fatigue des metaux, 5eme ed., Dunod, Paris

索　　引

【A–Z】

D　　100
K 値　　133, 134
MPa（メガパスカル）　　34
N（ニュートン）　　33
R　　90
R 比　　143
S　　168
S-N 曲線　　92
α　　77
β　　79
σ　　89
σ_a　　89
σ_B　　96
σ_m　　89
σ_{max}　　89
σ_{min}　　89
σ_S　　96
σ_W　　96

【あ】

圧縮の熱応力　　43
粗さ閉口　　146
安全率　　168
一酸化炭素（CO）　　112
ヴェーラー　　21
打出し　　124
延性　　60

応力　　34, 35
応力拡大係数　　133
応力集中　　77
　──係数　　77
応力振幅　　89
応力-ひずみループ　　102
音響疲労　　50

【か】

貝がら模様　　16
開口幅 K_o　　161
回転曲げ　　21
加工硬化　　84, 121
片振り　　88
ギガサイクル疲労　　65
逆すべり　　63
急速破面　　16
強化表面　　85
共振　　33
切り欠き　　74
　──係数　　79
き裂　　127, 133
　──開口幅　　143
　──成長曲線　　169
　──成長速度　　139
　──の開閉口　　141
　──の成長速度　　137, 160
　──の発見確率　　159
　──発生寿命　　167

金属　11
　　——の特長　59
グッドマン　97
クラック　133
繰返し応力　87
結晶　53, 71
　　——境界　128
　　——の大きさ　53
　　——のすべり変形　55
　　——粒度　73
航空機の変形　31
高サイクル熱疲労　50
高サイクル疲労　41, 76
高周波焼入れ　120
高周波誘導加熱　118
降伏強さ　96
降伏点　38
コーナプレス　148
コールドスタート　47

【さ】

最小最大応力比　90
酸化物閉口　146
酸素と水蒸気　62
残留応力　114
試験片　22
シャープエッジ　81
修正グッドマン線　97
自由の鐘　148
寿命消耗率　100
寿命予測　152
ショットピーニング　120
新鮮原子面　62

浸炭　112
　　——焼入れ　112
振動による疲労　32
ストライエーション　139
　　——の間隔 s　139
すべり面　55, 63
寸法効果　23
ぜい性　60
せん断　68
　　——応力　68
　　——変形　67
塑性伸び　145
塑性ひずみ　38
塑性閉口　146
塑性変形　39

【た】

弾性係数　35
弾性ひずみ　38
弾性変形　39
炭素原子　111
力と変形の関係　33
突き出しと入り込み　52
定期検査　153, 169
低サイクル疲労　40, 48
定常表面　62
停留き裂　130
テストピース　22
鉄鋼材料の疲労強度　108
転位　56
　　——ができる原因　57
　　——線　56
　　——による塑性変形　60

——の移動　58

【な】

ニュートン　35, 37
熱応力　43
熱機械疲労　50
熱処理　44
熱疲労　46
熱膨脹　41

【は】

歯車　116
パスカル　37
肌焼き鋼　117
ばね　27, 30
破面　14
半長　131
ビーチマーク　16
ピーニング　123
ひずみ　34, 35
引張強度　70
引張強さ　96
引っ張りの熱応力　44
非破壊検査　156
　——の種類　157
表面状態　80
表面焼入れ　118
疲労　14, 59
　——強度　70
　——研究　21
　——限度　24, 92, 96, 131
　——限度線　95
　——試験　19
　——試験機　105
　——試験装置　22
　——寿命　99
　——のマネジメント　152
　——の歴史　18
　——破面　14
　——を認める設計　106
腐食疲労　83
プラズマ　120
平均応力　89
ベークハードニング　111
変形　14, 34
変動応力　98, 105
ホットスタート　47

【ま】

マネージャ　170
ミクロき裂　78
ミクロ割れ　70, 127, 133
面取り　82

【や】

焼入れ　111
焼戻し　111
ヤング率　35
溶接残留応力　165
溶接部　164

【ら】

両振り　88
レインフロー　103

西島　敏（にしじま　さとし）

1937 年　東京で生まれる．
1959 年　東京理科大学理学部物理学科卒業
　　　　　科学技術庁金属材料技術研究所研究員
1967 年　パリ大学博士（理学）
1970 年　同所研究室長
1983 年　同所研究部長
1997 年　同所極限場研究センター長，定年
　　　　　以後，会社顧問，大学講師等を務める．

なお在職中，原子力安全，宇宙開発，航空事故調査などの専門委員として貢献した．

金属疲労のおはなし

2007 年 11 月 20 日	第 1 版第 1 刷発行
2022 年 4 月 18 日	第 13 刷発行

著　　者	西島　敏
発 行 者	朝日　弘
発 行 所	一般財団法人 日本規格協会

〒108-0073　東京都港区三田 3 丁目13-12　三田MTビル
https://www.jsa.or.jp/
振替　00160-2-195146

製　　作	日本規格協会ソリューションズ株式会社
印 刷 所	株式会社　平文社
製作協力	株式会社　大知

© Satoshi Nishijima, 2007　　　　　　　　　Printed in Japan
ISBN978-4-542-90283-1

● 当会発行図書，海外規格のお求めは，下記をご利用ください．
JSA Webdesk（オンライン注文）：https://webdesk.jsa.or.jp/
電話：050-1742-6256　　E-mail：csd@jsa.or.jp

おはなし科学・技術シリーズ

単位のおはなし 改訂版
小泉袈裟勝・山本 弘 共著
定価 1,320 円(本体 1,200 円+税 10%)

続・単位のおはなし 改訂版
小泉袈裟勝・山本 弘 共著
定価 1,320 円(本体 1,200 円+税 10%)

はかる道具のおはなし
小泉袈裟勝 著
定価 1,320 円(本体 1,200 円+税 10%)

強さのおはなし
森口繁一 著
定価 1,650 円(本体 1,500 円+税 10%)

摩擦のおはなし
田中久一郎 著
定価 1,540 円(本体 1,400 円+税 10%)

力学のおはなし
酒井高男 著
定価 1,540 円(本体 1,400 円+税 10%)

衝撃波のおはなし
高山和喜 著
定価 1,281 円(本体 1,165 円+税 10%)

真空のおはなし
飯島徹穂 著
定価 1,100 円(本体 1,000 円+税 10%)

レーザ光のおはなし
飯島徹穂 著
定価 1,540 円(本体 1,400 円+税 10%)

機械製図のおはなし 改訂2版
中里為成 著
定価 1,980 円(本体 1,800 円+税 10%)

テクニカルイラストレーションのおはなし
三村康雄 他共著
定価 1,540 円(本体 1,400 円+税 10%)

自動制御のおはなし
松山 裕 著
定価 1,430 円(本体 1,300 円+税 10%)

油圧と空気圧のおはなし 改訂版
辻 茂 著
定価 1,430 円(本体 1,300 円+税 10%)

タイヤのおはなし 改訂版
渡邉徹郎 著
定価 1,540 円(本体 1,400 円+税 10%)

ベアリングのおはなし
綿林英一・田原久祺 著
定価 1,760 円(本体 1,600 円+10%)

歯車のおはなし 改訂版
中里為成 著
定価 1,540 円(本体 1,400 円+税 10%)

ねじのおはなし 改訂版
山本 晃 著
定価 1,210 円(本体 1,100 円+税 10%)

チェーンのおはなし
中込昌孝 著
定価 1,540 円(本体 1,400 円+税 10%)

日本規格協会　https://webdesk.jsa.or.jp/

おはなし科学・技術シリーズ

鋼のおはなし
大和久重雄 著
定価 1,078 円(本体 980 円+税 10%)

銅のおはなし
仲田進一 著
定価 1,540 円(本体 1,400 円+税 10%)

アルミニウムのおはなし
小林藤次郎 著
定価 1,540 円(本体 1,400 円+税 10%)

ステンレスのおはなし
大山 正・森田 茂・吉武進也 共著
定価 1,388 円(本体 1,262 円+税 10%)

チタンのおはなし 改訂版
鈴木敏之・森口康夫 共著
定価 1,760 円(本体 1,600 円+税 10%)

耐熱合金のおはなし
田中良平 著
定価 1,281 円(本体 1,165 円+税 10%)

形状記憶合金のおはなし
根岸 朗 著
定価 1,281 円(本体 1,165 円+税 10%)

アモルファス金属のおはなし 改訂版
増本 健 著
定価 1,210 円(本体 1,100 円+税 10%)

金属のおはなし
大澤 直 著
定価 1,540 円(本体 1,400 円+税 10%)

金属疲労のおはなし
西島 敏 著
定価 1,650 円(本体 1,500 円+税 10%)

水素吸蔵合金のおはなし 改訂版
大西敬三 著
定価 1,430 円(本体 1,300 円+税 10%)

鋳物のおはなし
加山延太郎 著
定価 1,540 円(本体 1,400 円+税 10%)

刃物のおはなし
尾上卓生・矢野 宏 共著
定価 1,980 円(本体 1,800 円+税 10%)

さびのおはなし 増補版
増子 昇 著
定価 1,430 円(本体 1,300 円+税 10%)

溶接のおはなし
手塚敬三 著
定価 1,078 円(本体 980 円+税 10%)

熱処理のおはなし
大和久重雄 著/村井 鈍 絵
定価 1,320 円(本体 1,200 円+税 10%)

非破壊検査のおはなし
加藤光昭 著
定価 1,494 円(本体 1,359 円+税 10%)

材料評価のおはなし
福田勝己 著
定価 1,760 円(本体 1,600 円+10%)

日本規格協会　　https://webdesk.jsa.or.jp/